LIVE WORKING TECHNOLOGY
AND APPLICATION OF ±1100kV UHVDC LINE

±1100kV特高压直流线路
带电作业技术及应用

国网河南省电力公司检修公司　组编
陶留海　杨朝锋　主编

CHINA ELECTRIC POWER PRESS

内 容 提 要

本书主要介绍了±1100kV 特高压直流线路带电作业技术研究与应用。本书主要内容包括针对世界首条±1100kV 直流特高压线路带电作业安全距离技术分析、带电作业电场安全防护措施研究、带电作业主要工器具研制、典型作业方法项目库的建立及作业项目工器具模块化配置、带电作业技术方案及作业指导书等。

本书内容理论联系实际，既可供电力系统从事运行维护和管理的相关人员使用，也可供高等院校相关专业师生阅读参考。

图书在版编目（CIP）数据

±1100kV 特高压直流线路带电作业技术及应用 / 陶留海，杨朝锋主编；国网河南省电力公司检修公司组编. —北京：中国电力出版社，2021.12

ISBN 978-7-5198-5653-3

Ⅰ. ①1… Ⅱ. ①陶…②杨…③国… Ⅲ. ①特高压输电–直流输电线路–带电作业 Ⅳ. ①TM726.1

中国版本图书馆 CIP 数据核字（2021）第 122755 号

出版发行：中国电力出版社
地　　址：北京市东城区北京站西街 19 号（邮政编码 100005）
网　　址：http://www.cepp.sgcc.com.cn
责任编辑：周秋慧（010-63412627）　代　旭
责任校对：黄　蓓　李　楠
装帧设计：郝晓燕
责任印制：石　雷

印　　刷：北京天宇星印刷厂
版　　次：2021 年 12 月第一版
印　　次：2021 年 12 月北京第一次印刷
开　　本：710 毫米×1000 毫米　16 开本
印　　张：10
字　　数：152 千字
定　　价：65.00 元

《±1100kV 特高压直流线路带电作业技术及应用》

编　委　会

前　言

±1100kV 特高压直流技术是世界直流输电技术新的高峰，将在我国超远距离、大容量输电工程中发挥重要作用，是实现全球能源互联网的重要支撑。带电作业是输电线路运行维护的重要技术手段，属于保证整个工程安全可靠运行的关键技术之一。

本书针对±1100kV 特高压直流工程河南段线路相关参数，基于带电作业各典型工况间隙放电特性，校核分析了开展带电作业的安全性。通过仿真计算获得了带电作业人员在典型工况下的体表电场强度分布规律，提出了带电作业人员电场安全防护技术参数，研制了±1100kV 特高压直流输电线路带电作业专用屏蔽服。结合±1100kV 特高压直流输电线路的导线参数、840kN 大吨位绝缘子型号及配套金具结构型式，研制了带电作业主要工器具。结合研究成果和带电作业实操特点，建立带电作业方法项目库，对每种作业方法进行工器具的模块化配置，规范带电作业方法及工器具配置并且编制±1100kV 线路带电作业技术方案及作业指导书。本书贴合现场作业实际需求，解决现场作业中的难点、疑点、盲点，为促进带电作业技术发展和特高压直流输电线路安全可靠运行夯实基础。

本书由陶留海、杨朝锋主编，陶留海、杨朝锋、孙超协作负责书稿的统稿及校核工作。第一章由陶留海、李辰楠、赵映宇等编写，介绍了特高压直流输电及带电作业技术的研究及应用；第二章由陶留海、孙超、丁玉剑、姚修远、高昆鹏等编写，介绍了±1100kV 直流特高压线路带电作业安全距离、线路过电压试验研究；第三章由陶留海、丁玉剑、彭勇、李辰楠等编写，介绍了±1100kV 直流特高压线路带电作业电场仿真、安全防护措施及用具，并对其进行试验验证；第四章由陶留海、许泽华等编写，介绍了±1100kV 直流特高压线路带电作业主要工器具规划、设计、研制结果，并对研制结果进行试验；第五章由陶留海、孙超等编写，介绍了±1100kV 直流特高压线路带电作业典型作业方法和作业项目工器具模块化配置；第六章由陶留海、王华宾、郭文博、杨东辉等编写，介绍了±1100kV 直流特高压线路带电作业技术方案及作业指导书。在本书的编写过程中，参考了有关资料、文献，对资料和文献的作者表示感谢。

由于编者水平有限，书中难免会出现一些不当和遗漏之处，恳请各位专家和读者提出宝贵意见，帮助我们修改完善。

编　者

2021 年 8 月

目　录

第一章　概　　述

我国能源结构分布与负荷分布的不平衡，导致西部需要将大量的能源输送至中东部地区，从而形成了跨区域的特高压交直流混联电网。特高压直流电网作为跨区域电能输送的重要组成部分，担负着防治大气污染、响应“一带一路”倡仪的重要作用。近年来，±800kV 特高压直流输电及其带电作业技术在国内外得到了广泛的应用，随着±1100kV 特高压直流输电线路的投入运行，随即开展了对±1100kV 特高压直流输电线路带电作业的研究。

第一节　特高压电网的发展

一、国家的能源安全

长期以来，油气资源对外依存度高是我国能源安全突出的隐忧。随着特高压建设和电网坚强，可以充分发挥我国清洁发电技术先进的优势，为电网公司实施电能替代奠定基础。国家电网有限公司 2013 年发布电能替代实施方案，主要通过推广热泵、电采暖、电蓄能、电灌溉、电窑炉以及电动汽车等来实施，当年实现电能替代量 140 亿 kWh；2014 年实现电能替代量 503 亿 kWh，并在 2020 年实现替代量 5800 亿 kWh。当然，随着电网坚强和电力保障的充足，电能的清洁和性价比优势，用户倾向性的选择替代也许更多。这对于降低对外石油依存度、发挥我国资源禀赋优势、提高能源安全等作用会越来越突出。

在人类社会的工业化发展中，能源过度消耗和环境破坏是一对矛盾。我国东部发达地区的环境容量已经到了极限。特高压远距离大容量输电为沿海发达地区的经济发展，特别是互联网新经济发展打开了新的空间，提供了坚强和可靠的清洁能源保障。而能源资源富集地区资源优势可以转化为经济优势，实现东西部地区均衡安全发展。

我国特高压电网的建设，还带动了输配电装备产业的快速发展和技术进步。同世界先进水平相比，一些技术尚有差距，但整体来说，我国的输配电技术和产业居于领先水平。

二、大规模清洁能源的输送

特高压除了使电网更坚强、供电更可靠之外，也在更大程度、更广范围内对风电、光伏发电等间歇性新能源的接受能力更强。风电、光伏等新能源是取之不尽的、可再生的清洁能源，可以实现经济社会与环境的友好和可持续发展。

新能源主要包括风力风电、水能发电、清洁煤的使用以及太阳能光伏发电。我国包含了多种地质情况，各地区的气候差异也较大，比如风能、太阳能资源主要分布在我国西北部地区，水能资源主要分布在西南部地区，煤炭资源则主要分布在北部和西北部；由于我国人口大多集中在中东部地区，该地区为我国的经济发达地区和用电负荷中心，因此该地区的能源消耗大约占全国总能源消耗的 70%。我国的用电负荷中心和能源基地之间的距离通常在 1000～3000km，如果在负荷中心区进行大规模的电源建设，将会面临诸多限制，比如环境容量问题、运输问题等。特别是火电建设，虽然可以依靠煤炭运输，但是需要投入大量的经费。目前很难在用电中心实现电源点的大规模兴建，即使有风能、水能等清洁能源也很难对其加以有效利用，由此可见，在负荷中心进行大规模的电源建设在经济、环境和技术上都不现实。

基于新能源具有一定的分散性，导致其在发电和并网过程中还存在一些电力消纳问题。例如风力发电，西北地区是我国风力资源最为丰富的地区，自然应当成为风力发电站的主要建设基地。但是我国西北地区经济发展相对落后，当地根本无法全部消耗掉风能所产生的电能，导致我们不得不想办法将剩余的电能借助西电东送的方式输送到有着巨大电能需求的东部进行消纳。内蒙古自治区就曾出现过电能无法送出的情况。由于受到地理环境的限制，我国东北、华北、西北地区是风电的主要产生地区，但当地在电能的消纳方面却非常有限。

要想使风力发电得到进一步的发展，就必须要扩大风电的消纳空间，融入大型电网，从而达到增加风电消纳的目的。所以，大电网与小规模分布式电网的共同协调发展必将成为我国电网在未来发展道路上的重点问题。

三、大电网的运行可靠性与安全

特高压输电网由1000kV以上交流输电网和±800kV及以上直流输电网构成。首条自主建成1000kV特高压交流示范工程——晋东南线（晋东南—南阳—荆门）已于2009年1月6日正式投运，至今已有12年时间，设备国产化率达到85%以上，工程一直保持安全稳定运行。充分验证了特高压输电技术的可靠性、安全性和优越性。首条±800kV特高压直流示范工程——云南—广州回路一直保持安全稳定运行、性能优良，且国产化率达到90%以上。

从第一个特高压输电工程安全稳定运行以来，特别是党的十八大以来，特高压输电工程建设加速发展，截至2020年底，国家电网累计建成“十三交十一直”24项特高压输电工程。世界首个具备虚拟同步机功能的张北新能源电站已建成运行；世界上输电电压最高、距离最远、技术最先进的±1100kV新疆准东—安徽皖南特高压直流输电工程已经开工建设；世界上首个特高压多端混合直流工程乌东德—广东、广西送出工程已开工建设。

截至2020年末，在建工程全部建成后，特高压工程累计输送电量超过5000亿kWh，承载电力负荷2亿kW以上，再加上北部和西部的新能源风电和光伏太阳能发电，将形成中国“西电东送”“北电南供”能源输送格局，形成大容量风电机组整机设计体系和较完整的风电装备制造体系。

完全自主设计和建造的新疆昌吉—安徽皖南古泉±1100kV直流输电工程，是世界首条±1100kV特高压直流输电工程，该工程于2016年1月正式开工，途径新疆—甘肃—宁夏—陕西—河南—安徽6省，新建准东、皖南两座换流站，航空直线3337km，2018年12月下旬成功启动双极全压送电，2019年1月全面建成投入商业运行，输送功率达到1200万kW。

哈密—郑州±800kV直流特高压输电工程是国家实施“疆电外送“的第一个特高压输电工程，是第二代直流特高压输电工程的典型代表，是实施风火电打捆送出的首个直流特高压输电工程，也是北方地区的首个直流特高压输电工程。工程额定电压±800kV，额定输送功率 8000MW，采用双极架设方式；线路全长 2210.2km，其中一般线路长 2206.3km，黄河大跨越长 3.9km，途经新疆、甘肃、陕西、宁夏、山西、河南 6 省（自治区）；河南境内 147.5km，途经 3 市 7 县，受端换流站位于河南郑州并入河南电网。河南电网是全国联网电力枢纽，电力负荷占华中四省负荷的 40%以上。2013 年最高用电负荷超过 45 000MW。哈密南—郑州±800kV 直流工程投运后，输送负荷约占河南电网负荷的 1/5，将有效缓解河南电网和华中电网的供电压力。

四、一带一路的能源建设

特高压电网建设保障了我国自身能源的合理利用，同时为装备产业“走出去”，为落实“一带一路”建设提供了更具竞争力的支撑手段，可以惠及更多全世界缺电少电地区的国家和人民，实现共同发展、共同安全。

十八大以来，电力国际合作成为“一带一路”投资的亮点。对外发电及输变电合作不断增加新的工程，推动了中国技术、装备、标准与金融走出去，至今已与 8 个周边国家和地区开展电力贸易。国家电网有限公司和中国南方电网有限责任公司积极投资菲律宾、巴西、意大利、葡萄牙、澳大利亚和希腊等国家电网。

2014—2015 年，国家电网有限公司分别中标巴西美丽山一期、二期±800kV 特高压直流输电工程线路项目。2017 年 12 月，巴西美丽山一期工程正式投入商业运行，这是中国特高压走出国门、走向世界的重大突破。目前，国家电网有限公司投资 200 亿美元，已成为巴西最大的发电和配电企业。

第二节　直流输电及带电作业技术研究及应用

一、直流输电技术研究及应用

国内外针对直流输电研究已有数十年的历史，随着电力电子和计算机技术的迅速发展，直流输电技术日趋完善，多端直流输电技术也取得了一些运行经验。其中，意大利到撒丁岛和柯西岛的三端直流输电工程于 1980 年代投运；美国波士顿经加拿大魁北克到詹姆斯湾拉迪生的五段直流输电工程，全长 1500km，1992 年全线建成投运。我国的葛洲坝—上海 500kV 双极联络直流输电工程于 1989 年投运，输电距离为 1080km；天生桥—广州 500kV 直流输电线路全长 980km，这些工程的建成为特高压直流输电工程的建设、运行奠定了基础。截至 2020 年，我国在超/特高压直流输电的研究已处于世界领先地位，云广±800kV 特高压直流输电工程、向上±800kV 特高压直流输电工程、宁东—山东±660kV 等十余项直流输电工程相继建成投运，特高压直流输电工程将成为我国电网中重要的组成部分。

二、特高压直流输电及带电作业技术研究及应用

国际上针对特高压直流输电线路带电作业的研究，仅苏联在 20 世纪 80 年代中至 20 世纪 90 年代初建设±750kV 特高压直流输电线路时进行过，但因该工程未能建成，带电作业研究只停留在理论研究阶段。国内在±800kV、±660kV 直流输电工程设计之初，已根据其特点进行了带电作业专题研究，获得了直流输电线路带电作业最小安全间隙值，并进行了带电作业安全防护研究，制定了安全防护措施，并编制了相应的直流输电线路带电作业技术导则。2009 年 6 月 10 日，湖北超高压输变电公司在国家电网有限公司特高压直流试验基地成功带电更换间隔棒；2009 年 10 月 27 日，中国南方电网有限责任公司超高压输电公司在昆明中国南方电网特高压工程技术国家工程实验场成功开展带电更换导线间隔棒作业。

2013—2020 年，为给线路设计单位及线路运维单位提供技术依据，中国电力科学研究院有限公司开展了±1100kV 直流输电线路带电作业研究，主要目的是通过带电作业间隙放电特性试验获取±1100kV 直流输电线路带电作业最小安全距离、最小组合间隙及绝缘工器具最小有效绝缘长度等关键技术参数等，针对作业人员处于不同位置的屏蔽服内外电场及电位转移电流进行了实际测量，以上开展的研究工作获取的带电作业最小安全距离等关键技术参数可为线路设计及后续运维提供基础支撑。随着该输电工程后续进入实际施工及投运阶段，实用化的带电作业方式方法需基于实际线路使用的绝缘子、金具型式及导

线等重要参数，特别是针对±1100kV 特高压线路特有的 840kN 绝缘子、$1250mm^2$ 八分裂导线提线金具、耐张复合绝缘子等大吨位带电作业工器具装备的应用、实际操作方法还处于空白。±1100kV 杆塔空气间隙的设计距离与带电作业安全距离要求的差别还需要进一步校核。总体来看，±1100kV 电压等级的工器具装备的研制、作业方法的现场实用化系统应用研究还处在初始阶段，许多带电作业技术实际应用难题需要进一步研究解决。

第三节　±1100kV 特高压直流输电线路带电作业的研究

根据国家电网有限公司“十三五”及中长期科技发展规划和特高压输电技术发展趋势，国家电网有限公司将以准东（昌吉）至皖南（古泉）工程为依托工程，规划建设首个世界高压直流输电技术领域最高点的±1100kV 电压等级特高压直流输电工程，该输电工程已于 2016 年 5 月 11 日全面开工建设，2018 年底具备了全线带电条件，线路工程途经新疆、甘肃、宁夏、陕西、河南、安徽 6 省（区），换流容量 2400 万 kW，输电容量 1200 万 kW，线路全长 3293km。±1100kV 特高压直流输电技术是世界直流输电技术新的高峰，将在我国超远距离、大容量输电工程中发挥重要作用，是实现全球能源互联网的重要支撑。运行检修工作是掌握电网设备的运行情况、及时发现和处理设备缺陷的重要手段。鉴于特高压电网在整个国家电网中处于核心地位，特高压电网的运行检修工作对于保证特高压电网甚至整个国家电网的安全、稳定、可靠运行具有十分重要的意义。同样是由于特高压电网的重要地位，一旦投入运行很难停电进行检修。因此，带电作业作为特高压电网运行检修的重要技术手段，对确保特高压电网安全、稳定、可靠运行具有重要意义。

输电线路电压等级的提高和特殊输电塔型的建设，势必给相应输电线路带电作业提出新的问题。作为世界最高电压等级直流±1100kV 输电线路，安全开展带电作业需解决两方面问题，一方面为新的且是最高的直流电压等级及新型线路参数条件下的带电作业安全技术参数及安全防护措施问题，其需要通过真型试验、仿真计算并结合现有带电作业技术研究基础的方法开展基础试验研究，获得的技术参数研究成果可为线路设计及后续线路工程带电作业的安全开展提供技术支撑。另一方面，由于后续作为主要运维手段的带电作业技术手段需紧密结合实际线路工程特点，在明确了试验获取的技术参数的基础上，还需根据实际线路参数、绝缘子串型式、不同地形条件下的杆塔结构型式及金具型式等开展带电作业方法及实用化关键技术研究，重点解决适用于实际工程的具有针对性及差异化带电作业技术参数、工器具装备研制、典型作业项目作业方式研究以及现场安全作业规程等方面问题，最终形成直接指导现场实际的带电作业方法及研制开发大吨位带电作业工器具。

第二章　±1100kV 直流特高压线路带电作业安全距离技术分析

本章讲述±1100kV 直流特高压线路带电作业安全距离技术分析，依据间隙试验获取带电作业最小安全距离后，再结合±1100kV 特高压直流输电线路河南段典型杆塔开展安全距离校核，进一步分析确定开展带电作业的安全性。

第一节　带电作业安全距离获取方法

带电作业安全间隙距离的确定受到多种因素的影响，主要包括过电压幅值、波形、极性、间隙形状、海拔等。近年来，对这些影响因素进行了系统的试验和分析。过去在确定带电作业安全距离时，基本上不考虑系统结构和线路长短，一律按该系统可能出现的最大过电压来确定，这对部分线路的带电作业带来了困难，有时还成为塔头尺寸的控制因素。实际上，系统结构、线路长短、运行工况不一样时，不同线路的操作过电压会有较大差别，故在确定带电作业安全距离和危险率时，应根据该线路的实际过电压倍数或幅值来计算分析。研究超/特高压输电线路带电作业安全距离的方法是：① 分析确定线路带电作业过电压水平；② 进行真型塔典型作业工况带电作业间隙放电试验，得出放电特性曲线；③ 根据试验结果和过电压水平计算得出危险率，根据危险率水平要求确定最小安全间距值。

其中，带电作业危险率（R_0）可由式（2-1）计算求得：

$$R_0 = \frac{1}{2}\int_0^{\infty} P_0(U)P_{\mathrm{d}}(U)\mathrm{d}U \tag{2-1}$$

$$P_{\mathrm{d}}(U)=\int_0^U \frac{1}{\sigma_{\mathrm{d}}\sqrt{2\pi}}\cdot \mathrm{e}^{-\frac{1}{2}\left(\frac{U-U_{50}}{\sigma_{\mathrm{d}}}\right)^2}\mathrm{d}U \quad (2-2)$$

式中　$P_0(U)$——带电作业操作过电压幅值的概率密度函数；

$P_{\mathrm{d}}(U)$——空气间隙在幅值为 U 的操作过电压下击穿的概率分布函数；

U_{50}——空气间隙的操作冲击 50%放电电压；

σ_{d}——空气间隙操作冲击放电电压标准偏差。

根据上述数学模型编制计算程序，即可计算得到相应的带电作业危险率。

第二节　线路过电压水平计算分析

依托准东—华东±1100kV 直流输电工程，根据设计单位统一提供资料，线路按各包段数据建立 36 段模型，线路全长 3293km，计算得到直流输送功率 12 000MW，接地电阻选 5.7Ω时，过电压沿线路分布情况见表 2－1，分布如图 2－1 所示。表 2－1 中以整流站为起点，逆变站为终点。

表 2－1　线路沿线接地，接地电阻 5.7Ω在健全极产生的过电压分布

线路全长的百分比（%）	过电压（标幺值）	线路全长的百分比（%）	过电压（标幺值）	线路全长的百分比（%）	过电压（标幺值）	线路全长的百分比（%）	过电压（标幺值）
0.00	1.23	31.90	1.46	58.58	1.52	93.72	1.32
3.43	1.29	34.22	1.47	62.51	1.48	95.21	1.31
6.81	1.33	36.54	1.48	65.12	1.47	100.00	1.22
8.52	1.35	40.49	1.53	68.83	1.43	—	—
11.81	1.37	42.10	1.55	70.75	1.41	—	—
15.04	1.41	45.28	1.55	74.73	1.39	—	—
20.49	1.45	47.64	1.54	77.31	1.39	—	—
23.12	1.45	50.00	1.58	78.65	1.39	—	—
25.28	1.46	51.88	1.53	82.60	1.35	—	—
27.44	1.45	53.53	1.53	86.65	1.33	—	—
29.67	1.46	55.97	1.53	90.82	1.32	—	—

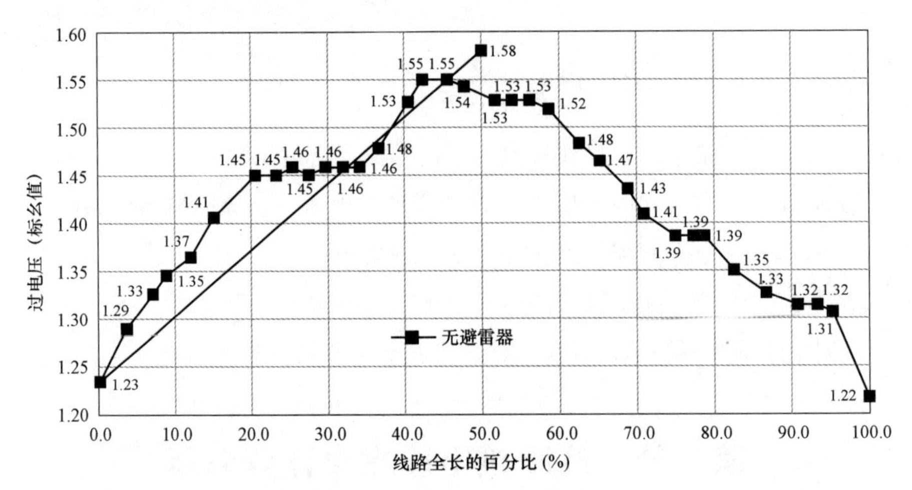

图 2-1　输送功率 12 000MW，线路沿线接地，接地电阻 5.7Ω在健全极产生的过电压分布图

按计算的过电压以线路中点为中心，两边按 1.58（标幺值）和 1.5（标幺值）分区，得到的各分区段的起点和终点见表 2-2。

表 2-2　　线路按过电压分区　　km

区域	过电压（标幺值）	线路中点整流站侧		长度合计	线路中点逆变站侧	
		起点	终点	长度	起点	终点
1	1.58	1200	1642	853	1642	2053
2	1.50	0	1200	2431	2053	3284

第三节　带电作业方式研究

由于±1100kV 特高压直流输电线路杆塔高、尺寸大、电压等级高，登塔作业人员的劳动强度大，在进入等电位的方法上，应根据±1100kV 线路的实际特点，对现有的进入等电位的方法进行优化。

超/特高压线路常用的从直线塔进入等电位方法有塔上吊篮法、塔上软梯法、滑轨吊椅法、地面吊篮法等；从耐张塔进入等电位主要为沿耐张串进入。下面对每种方法进行综合分析比较，进而确定最优化带电作业方式。

一、直线塔进入等电位方法

（一）塔上吊篮法

1. 主要工具

绝缘吊篮及 2－2 绝缘滑车组一套，绝缘控制绳两条、绝缘保护绳一条、绝缘吊绳一条，绝缘传递绳及绝缘滑车一套。

2. 作业步骤

（1）塔上电工携带绝缘传递绳和绝缘滑车登塔至横担，在适当位置挂好绝缘滑车。

（2）地面电工配合塔上电工将吊篮、滑车组等工具传到塔上。

（3）塔上电工在横担导线挂点处安装好吊篮吊绳及控制绳、滑车组等，并调整吊篮吊绳至合适长度，使吊篮下垂后和上层导线等高。

（4）塔上电工将吊篮拉到横担处，等电位电工系好绝缘保护绳后坐入吊篮，扣好绝缘安全带。塔上电工控制滑车组绝缘绳，使等电位电工进入强电场。

（5）等电位电工临近带电体时，通过电位转移与带电体形成等电位后攀上导线，并将安全带扣在子导线上。

3. 塔身吊篮法进入等电位方法

塔上吊篮法进入等电位示意图如图 2－2 所示。

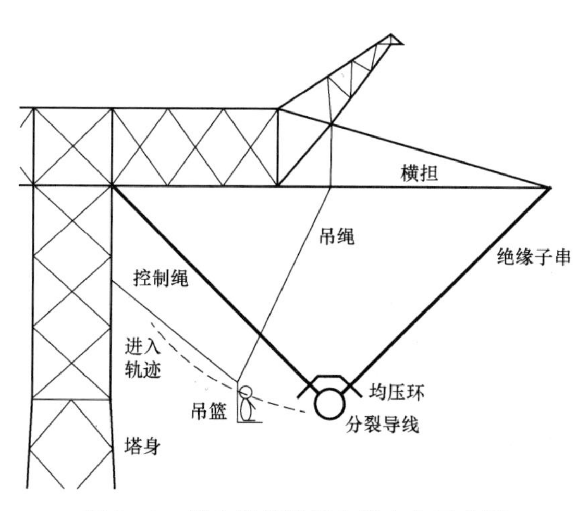

图 2－2　塔上吊篮法进入等电位示意图

（二）塔上软梯法

1. 主要工具

绝缘软梯一副，绝缘控制绳两条、绝缘保护绳一条、绝缘吊绳一条，绝缘传递绳及绝缘滑车一套。

2. 作业步骤

（1）塔上电工携带绝缘传递绳和绝缘滑车登塔至横担，在适当位置挂好绝缘滑车。

（2）地面电工配合塔上电工将绝缘软梯等工具传到塔上。

（3）塔上电工在横担距导线挂点适当位置，安装好绝缘软梯，并将绝缘控制绳与软梯连接好。

（4）等电位电工系好绝缘保护绳后，沿绝缘软梯，进入强电场。

（5）等电位电工沿软梯下至与导线水平位置，塔上电工通过绝缘控制绳，使等电位电工接近带电体。

（6）等电位电工临近带电体时，等电位电工通过电位转移与带电体形成等电位后攀上导线，并将安全带扣在子导线上。

3. 塔上软梯法进入等电位方法

塔上软梯法进入等电位示意图如图 2-3 所示。

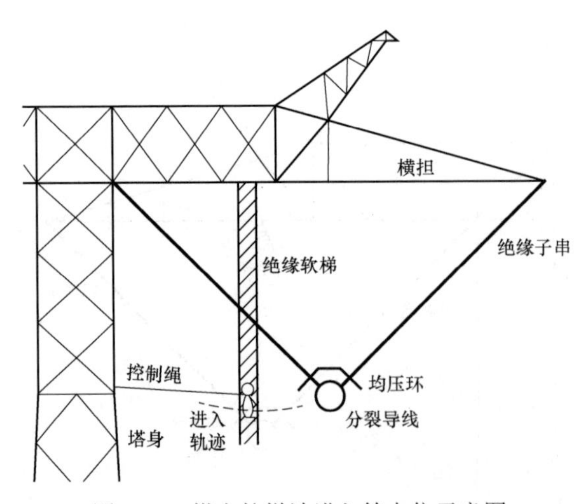

图 2-3　塔上软梯法进入等电位示意图

（三）滑轨吊椅法

1. 主要工具

绝缘滑轨—吊杆—座椅组成的运载工具一套，绝缘高空保护绳一条，绝缘传递绳一条，绝缘拉绳及绝缘单轮滑车两套。

2. 作业步骤

（1）塔上电工携带绝缘传递绳及绝缘单轮滑车登上横担，在合适位置挂好绝缘滑车。

（2）地面电工将定位卡具、绝缘单轮滑车、滑轨、吊杆、座椅等组装成整体并确认各部位连接可靠。

（3）塔上地电位电工与地面电工相互配合，将已组装成套的运载工具吊到塔上。

（4）塔上电工相互配合，将运载工具可靠地安装在横担上，将座椅滑向塔身侧。

（5）等电位电工从塔身侧坐上座椅，将安全带扣在座椅上，并系好绝缘高空保护绳，塔上地电位电工控制绝缘拉绳，通过滑轨将等电位电工送入强电场。

（6）等电位电工临近带电体时，等电位电工通过电位转移与带电体形成等电位后攀上导线，并将安全带扣在子导线上。

3. 滑轨吊椅法进入等电位方法

滑轨吊椅法进入等电位示意图如图 2–4 所示。

（四）地面吊篮法

1. 主要工具

绝缘吊篮及 2–2 绝缘滑车组一套，手摇绞磨（机动绞磨）、绝缘控制绳一条，绝缘吊绳及绝缘滑车一套。

2. 作业步骤

（1）塔上电工携带绝缘吊绳和绝缘滑车登塔至横担导线挂点处，在适当位置挂好。

（2）地面电工将绝缘吊绳一端安装到塔脚的手摇绞磨（机动绞磨）上，另一端连接吊篮。

（3）等电位电工从地面坐入吊篮，系好绝缘安全保护绳和绝缘安全带，地面电工通过绝缘控制绳控制吊篮防止晃动，检查无问题后地面电工摇动手摇绞磨（启动机动绞磨），将吊篮均衡吊起。

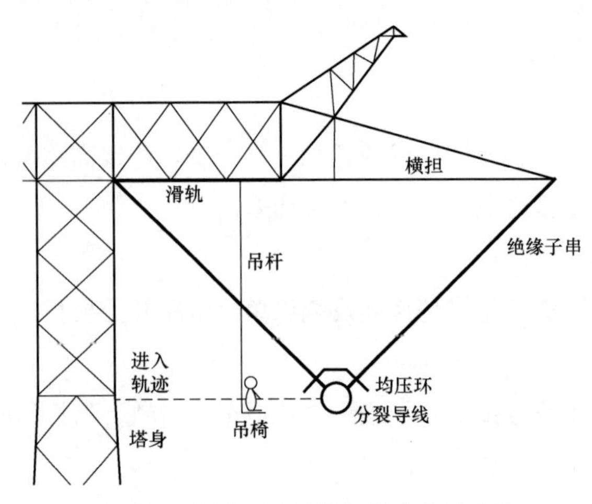

图 2－4　滑轨吊椅法进入等电位示意图

（4）等电位电工临近带电体时，等电位电工通过电位转移与带电体形成等电位后攀上导线，并将安全带扣在子导线上。

3. 地面吊篮法进入等电位方法

地面吊篮法进入等电位示意图如图 2－5 所示。

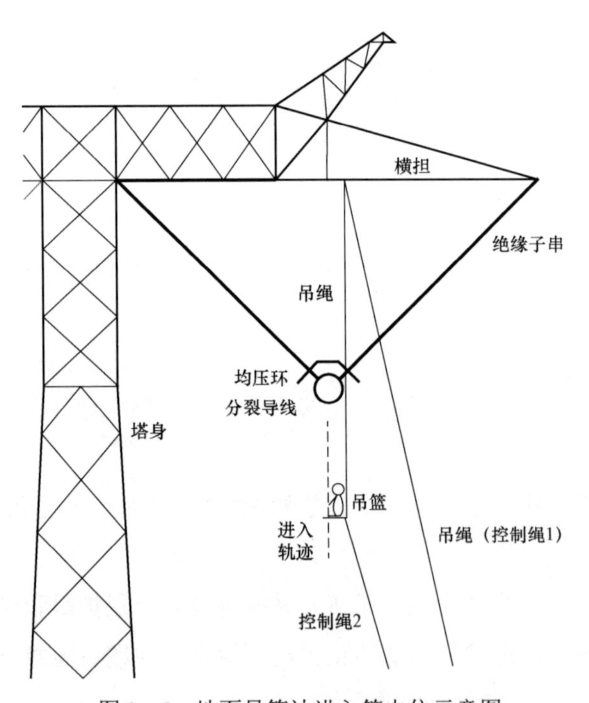

图 2－5　地面吊篮法进入等电位示意图

二、耐张塔进入等电位方法

1. 主要工具

绝缘安全带、高空保护绳、绝缘子检测仪、绝缘传递绳及绝缘滑车一套。

2. 作业步骤

（1）塔上电工携带绝缘吊绳和绝缘滑车登塔，在横担作业的适当位置将绝缘传递绳和绝缘滑车装好。

（2）地面电工将检测工具传递至塔上，地电位电工对绝缘子进行检测，检测应符合 Q/GDW 1799.2—2013《国家电网公司电力安全工作规程　线路部分》规定的合格绝缘子片数。

（3）等电位电工系好绝缘安全带，经工作负责人同意后携带绝缘传递绳和绝缘滑车用“跨二短三”的方法沿绝缘子串进入强电场。

（4）等电位电工临近均压环时，等电位电工通过电位转移与带电体形成等电位后攀上导线，并将安全带扣在子导线上。

3. 从耐张绝缘子串进入等电位方法

从耐张绝缘子串进入等电位示意图如图 2－6 所示。

图 2－6　从耐张绝缘子串进入等电位示意图

三、作业方法选择

由于±1100kV 特高压直流输电线路杆塔尺寸大，采用地面吊篮法时，由于导线离地高度较高，进入等电位路径长，作业人员劳动强度大；采用塔上软梯法时，由于绝缘子串较长，作业人员沿软梯进入高电场路径较长，作业人员劳动强度大。

采用滑轨吊椅法时，由于横担长，使得滑轨等硬质绝缘工器具尺寸大、重量大，给工具的使用、运输、传递带来一定的困难。

塔上吊篮法进入等电位工器具轻便，便于携带和使用，进入等电位路径较合理，作业人员劳动强度较小。因此，综合考虑带电作业进入等电位方式，推荐采用塔上吊篮法，通过±1100kV 直线塔进入等电位。

超/特高压输电线路从耐张塔进入等电位一般均采用沿耐张绝缘子串进入方式，这种方法使用的工器具较少，耐张串的水平布置也有助于作业人员的行走。因此，沿耐张绝缘子串进入方式也适用于±1100kV 耐张塔。

第四节　带电作业安全距离试验研究

一、试验准备

开展±1100kV 直流输电线路带电作业安全距离研究所用的试品主要包括仿真模拟塔头、模拟人、带电作业用绝缘斗以及绝缘绳等。

模拟塔头按照准东—华东±1100kV 直流输电线路典型直线塔的尺寸加工制作，试验加工的模拟塔头主要由横担、塔身、模拟导线、V 形绝缘子串、连接金具和屏蔽环等部分构成。

横担总长 26m，宽 4.8m，塔身整体为梯形，其上边宽 4.8m，下边宽 6.4m，高 20m，横担和塔身均由镀锌角钢焊接而成，为保证足够强度和布置方便，横担每 2m 设置一个横梁。试验用导线为 8 分裂结构，子导线直径 47.2mm，分裂间距 450mm，总长 30m。

绝缘子串间夹角约为 90°，屏蔽环管径为 150mm，外径为 1.5m，屏蔽深度为 350mm。试验用模拟人身穿全套屏蔽服，坐在一个绝缘斗内。模拟人体形尺寸与实际人体相仿，在绝缘斗内坐姿高 1.26m，肩宽 0.55m。绝缘斗长和宽尺寸均为 0.5m，其四角位置可用绝缘绳索固定悬吊。仿真模拟塔头布置情况如图 2－7 所示。

试验冲击电压由 7200kV/480kJ 冲击电压发生器及其测控系统产生并测量，冲击电压发生器的额定电压为±7200kV，额定能量为 480kJ，共有 24 级电容组成，每级最高充电电压为±300kV，输出的标准操作电压波头时间为 250μs，波尾时间为 2500μs，操作波输出电压的效率不小于 70%。

图 2－7　模拟塔头布置图

二、直线塔典型作业位置最小安全距离研究

（一）等电位电工对横担最小安全距离试验

试验中，模拟人身穿全套屏蔽服，骑在导线上，将模拟人紧挨 8 分裂导线连板，此时模拟人在两均压环之间，模拟人头顶比均压环上沿低 40cm。

通过改变两支复合绝缘子串的长度来调节均压环上沿到模拟横担的距离。调节此距离分别为 8m 和 11.5m，进行操作冲击放电试验，每个间隙距离下进行 40 次操作冲击放电试验，记录操作冲击放电电压，每次试验前后记录现场气象条件。根据试验数据计算 50%放电电压与放电标准偏差。作业人员紧挨均压环–上横担的放电特性曲线如图 2－8 所示，放电电压的相对标准偏差为 3.5%～4%。

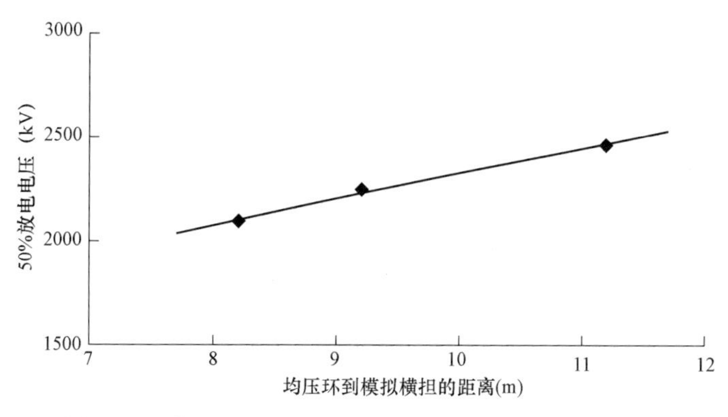

图 2－8　作业人员紧挨均压环－上横担的放电特性曲线

根据试验结果，结合危险率计算公式，可以得到作业人员紧挨均压环－上横担不同距离下的带电作业危险率，结合海拔校正计算得到在线路最大操作过电压水平 1.50（标幺值）时，模拟人处于两均压环之间时的等电位对横担不同海拔的最小安全距离。结果见表 2－3。

表 2－3　等电位对横担最小安全距离（模拟人在两均压环之间）

系统过电压（标幺值）	海拔（m）	海拔校正系数 K_a	最小安全距离（m）
1.50	0	1.0	8.6
	1000	1.043	9.0
	2000	1.085	9.4

注　未包括人体占位 0.5m。

（二）等电位电工对侧面塔身最小安全距离试验

当带电作业人员进入等电位时，有可能处于导线侧面。此时，有可能出现等电位作业人员对侧面塔身放电的现象，试验布置如图 2－9 所示。试验中模拟人身穿全套屏蔽服坐于绝缘吊斗中，将模拟人紧靠均压环，使其保持高电位。

图 2－9　等电位作业人员对侧面塔身安全距离试验现场照片

通过改变两支复合绝缘子串的长度来改变等电位模拟人到侧面塔身距离，间隙距离为 7.3～11.5m，进行操作冲击放电试验，每个间隙距离下进行 40 次操作冲击放电试验。记录操作冲击电压值，每次试验前后记录现场的气象条件，计算50%放电电压与放电标准偏差。其中50%放电电压如图2－10所示（此放电电压值已校正到标准气象条件下），放电电压的相对标准偏差为2%～4.5%。

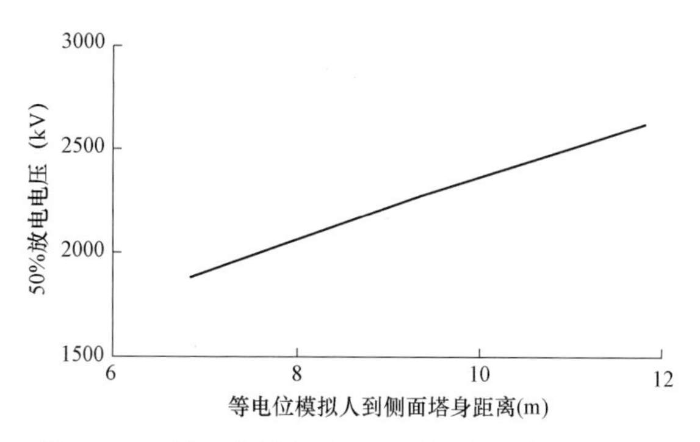

图2－10　等电位模拟人对侧面塔身放电特性曲线

结合危险率的计算以及海拔校正，计算得到在线路最大操作过电压水平1.50（标幺值）时，等电位对侧面塔身不同海拔的最小安全距离。结果见表2－4。

表2－4　　等电位对侧面塔身最小安全距离

最大过电压（标幺值）	海拔（m）	海拔校正系数 K_a	最小安全距离（m）
1.50	0	1.0	8.6
	1000	1.043	9.0
	2000	1.085	9.4

注　未包括人体占位0.5m。

（三）地电位最小安全距离试验

作业人员从地电位进入等电位过程中，有可能处于塔身地电位的位置。此时可能发生等电位体对地电位工作人员的放电现象。

侧面塔身地电位人－导线安全距离试验布置如图2－11所示，试验中模拟人坐于绝缘吊斗中，紧挨侧面塔身。模拟人与导线的高度相同。通过改变两支复合绝缘子串的长度以改变导线与侧面塔身地电位作业人员的距离，使其分别为7.0～11.5m，进行冲击放电试验，每个间隙下进行40次操作冲击放电试验，记录冲击放电电压，每次试验前后记录现场的气象条件。计算50%放电电压及标准偏差，其中50%放电电压计算结果如图2－12所示，放电电压的相对标准偏差为2%～4.5%。

图 2－11　侧面塔身地电位人－导线安全距离试验照片

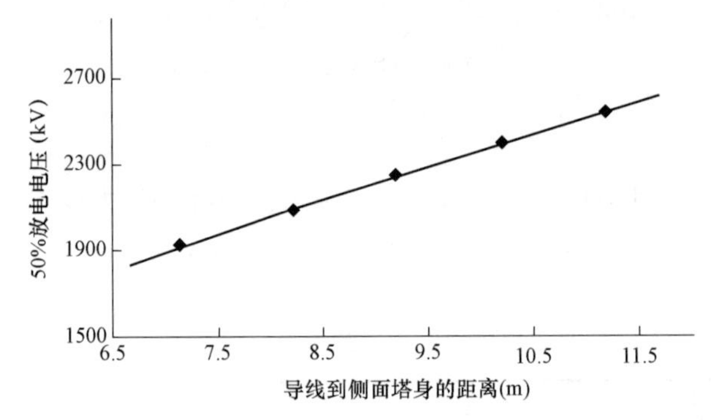

图 2－12　侧面塔身地电位模拟人－导线安全距离放电特性曲线

结合危险率的计算以及海拔校正，计算得到在线路最大操作过电压水平1.50（标幺值）时，地电位人对导线不同海拔的最小安全距离。结果见表 2－5。

表 2－5　　地电位人对导线不同海拔的最小安全距离

最大过电压（标幺值）	海拔（m）	海拔校正系数 K_a	最小安全距离（m）
1.50	0	1.0	8.6
	1000	1.043	9.0
	2000	1.085	9.4

注　未包括人体占位 0.5m。

三、耐张塔带电作业最小安全距离研究

（一）耐张串等电位最小安全距离试验

受试验场地大小和门型塔卷扬机系统的限制，特高压直流试验基地耐张串

布置时串长受到限制。为克服上述难题，分别对竖直绝缘子串和水平耐张串分别进行了等电位放电特性研究。

1. 竖直布置绝缘子串等电位带电作业最小安全距离试验

将身穿屏蔽服的模拟人置于等电位处，面朝横担，背靠均压环。试验中，通过改变绝缘子片数调节均压环与模拟横担的距离，试验距离为 8.5～11.5m。在不同串长的情况下，进行标准操作冲击放电试验，每组试验记录 40 次冲击电压值，计算每个间隙距离下的 50%放电电压及标准偏差，试验的现场布置如图 2－13 所示。试验结果如图 2－14 所示。

图 2－13　耐张串等电位最小安全距离试验布置图

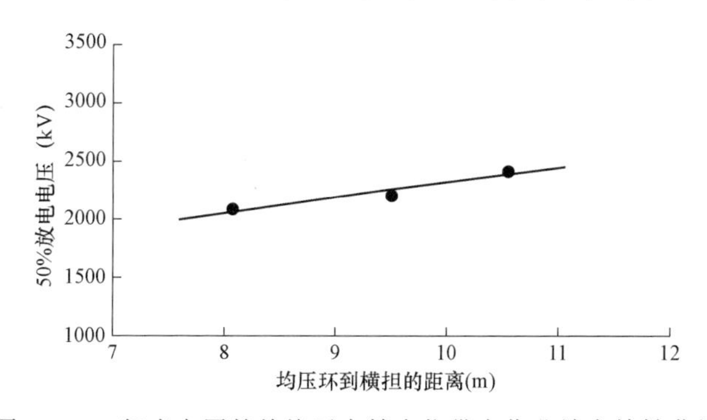

图 2－14　竖直布置的绝缘子串等电位带电作业放电特性曲线

2. 水平布置耐张串等电位带电作业最小安全距离试验

绝缘子串一端通过均压环接高压引线，并用复合绝缘子挂在门型塔一侧的吊钩上。绝缘子串的低压端通过三角连板接模拟横担，并通过水平牵引系统挂在门型塔另一侧的吊钩上，耐张塔模拟横担接地，绝缘子串为双联串，绝缘子串的串间距离为 0.5m。绝缘子串的两端通过吊带挂在门型塔上方的吊钩上，将模拟人置于等电位，面朝均压环。其中耐张串由瓷质绝缘子串成，均压环为 2m×2m 的方形均压环，均压环管径为 150mm，和±1100kV 直流输电工程中实际采用的均压环一致。试验的现场布置如图 2－15 所示。

图 2－15　耐张串等电位最小安全距离试验布置图

由于所挂绝缘子片数较多，整条绝缘子串重量较大，无法将绝缘子串拉成完全水平状态，因此在试验时绝缘子串有一定弧度。试验中，通过改变绝缘子片数，调整耐张串均压环与模拟横担的距离，距离为 6.0～8.8m。在不同的间隙距离下，分别进行操作冲击放电试验。通过试验，获得不同间隙下的 50%操作冲击放电电压，试验获得的放电特性曲线如图 2－16 所示。

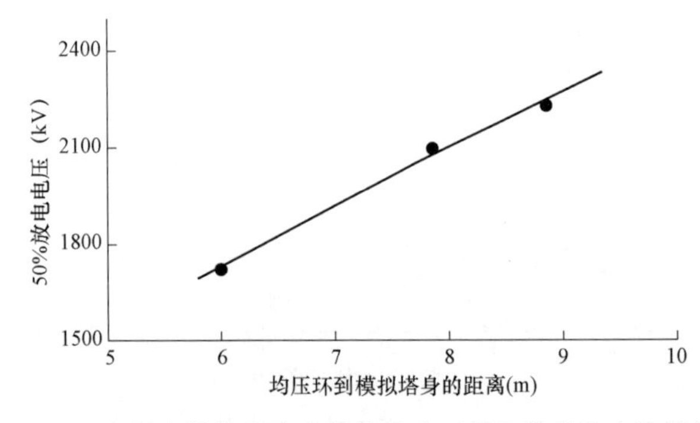

图 2－16　水平布置的耐张串等电位电工带电作业放电特性曲线

通过计算，得到了满足危险率情况下、不同海拔下的耐张串等电位最小安全距离（绝缘子串最小长度），见表 2－6，表中给出了三种±1100kV 输电杆塔所用典型绝缘子为达到最小安全距离所需要的片数。

表 2-6　　耐张串满足等电位最小安全距离所需片数

最大过电压（标幺值）	海拔（m）	绝缘子串最小长度（m）	绝缘子型号	单片绝缘子结构高度（mm）	绝缘子最少片数
1.50	0	9.0	XZP2-300	195	47
			XZP-420	205	44
			LXZY-550	240	38
	1000	9.5	XZP2-300	195	49
			XZP-420	205	47
			LXZY-550	240	40
	2000	10.1	XZP2-300	195	52
			XZP-420	205	50
			LXZY-550	240	43

注　标准的绝缘子片数未考虑作业人员作业时短接的绝缘子。

（二）耐张串地电位最小安全距离试验

绝缘子串一端通过均压环接高压引线，并用复合绝缘子挂在门型塔一侧的卷扬机上。绝缘子串的低压端通过三角挂板连接到门型塔的另一侧水平拉伸卷扬机系统，在瓷绝缘子串接地侧布置模拟横担。试验采用双联绝缘子串，串间距为 0.5m。为保证绝缘子串尽可能的水平，绝缘子串的两端由门型塔上方的绝缘吊带竖直上拉。将带电作业模拟人置于模拟塔身边缘，模拟带电作业人员在此处作业。耐张串地电位最小安全距离试验布置图如图 2-17 所示。

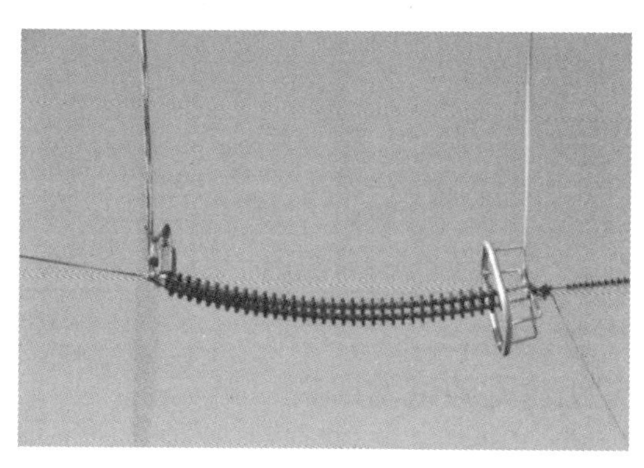

图 2-17　耐张串地电位最小安全距离试验布置图

通过试验获得了耐张串塔身地电位带电作业时的操作冲击放电特性曲线如图 2-18 所示。

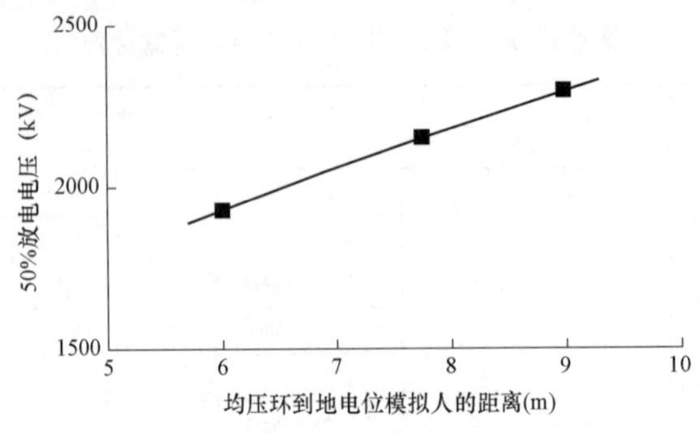

图 2-18　耐张串地电位放电特性曲线

结合危险率计算和海拔校正，计算得到了耐张串地电位带电作业所需的最小安全距离（绝缘子串最小长度），见表 2-7，表中给出了三种不同吨位瓷（玻璃）绝缘子为达到此最小安全距离所需要的片数。

表 2-7　　　　耐张串满足地电位最小安全距离所需片数

最大过电压（标幺值）	海拔（m）	绝缘子串最小长度（m）	绝缘子型号	单片绝缘子结构高度（mm）	绝缘子最少片数
1.50	0	8.6	XZP2-300	195	45
			XZP-420	205	43
			LXZY-550	240	37
	1000	9.2	XZP2-300	195	48
			XZP-420	205	45
			LXZY-550	240	39
	2000	10.0	XZP2-300	195	52
			XZP-420	205	50
			LXZY-550	240	43

四、带电作业组合间隙试验研究

（一）直线塔最小组合间隙研究

大量低电压等级输电线路带电作业组合间隙研究表明，对于某一组合间隙，在人体离开导线（高电位）的某一位置，该组合间隙具有最低的操作冲击

50%放电电压。因此，±1100kV 特高压直线塔最小组合间隙试验研究分为两个部分进行：

（1）组合间隙最低放电位置的确定。固定 $S_C=S_1+S_2$ 不变，改变人体在组合间隙中的位置，进行操作冲击放电试验，求取最低放电电压位置。其中 S_1 为人体距塔身的距离，S_2 为人体距均压环的距离。

（2）最小组合间隙试验研究。将模拟人吊放在最低放电位置处不变，改变模拟塔头的塔身与模拟人之间的距离（S_1），进行操作冲击放电试验，求取相应的 50%放电电压；根据试验得到组合间隙放电特性曲线，根据海拔校正和危险率计算，求出最小组合间隙（S_C）值。直线塔带电作业最小组合间隙试验的现场布置如图 2－19 所示。

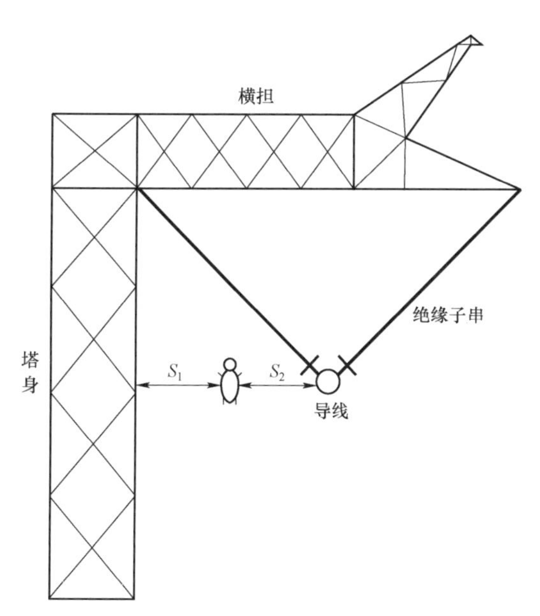

图 2－19　直线塔带电作业最小组合间隙试验的现场布置

1. 组合间隙最低放电点试验

试验中固定塔身构架至模拟导线间隙距离 S_C 为 9.4m 不变，模拟人穿戴整套屏蔽服，面向模拟导线背对塔身，由水平于模拟导线高度的塔身处逐步向模拟导线行进，改变 S_1 和 S_2 的大小，进行操作冲击放电特性试验，求取其操作冲击 50%

放电电压，试验现场布置图如图 2－20 所示。模拟人在不同位置时的放电特性曲线如图 2－21 所示。

图 2－20　直线塔组合间隙最低放电点试验布置图

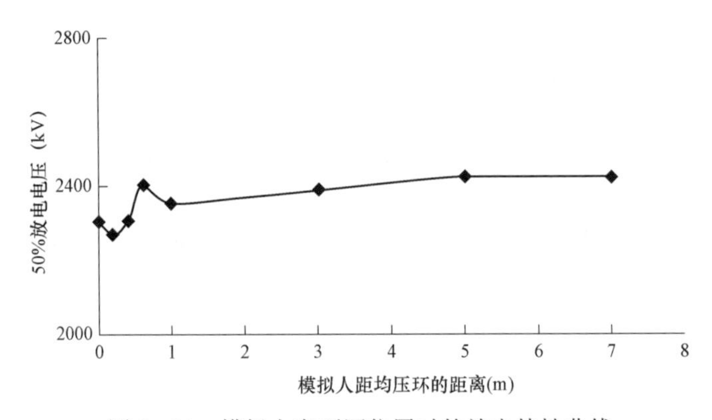

图 2－21　模拟人在不同位置时的放电特性曲线

由结果可见，最低放电点位置在模拟人距均压环 0.35m 处，这和其他电压等级的 0.4m 基本一致。后续研究中，将模拟人固定在距离导线 0.4m 处进行最小组合间隙放电特性试验。

2. 最小组合间隙试验

根据最低放电点位置试验结果，固定模拟人与模拟导线内侧均压环间隙保持 S_2=0.4m 不变，通过改变两支复合绝缘子串的长度以改变模拟人到侧面塔身的距离，进行不同组合间隙下的操作冲击放电试验，试验获得不同组合间隙的 50%操作冲击放电电压如图 2－22 所示。

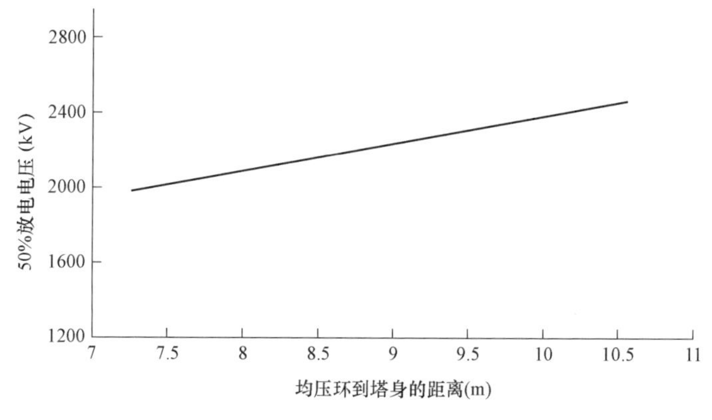

图 2－22　直线塔最小组合间隙放电特性曲线

根据图 2－22 中的放电特性曲线，结合危险率的计算以及海拔校正，计算得到在线路最大操作过电压为 1.50（标幺值）时，带电作业工作人员在直线塔上利用吊篮法满足危险率小于 10^{-5} 进入等电位的最小组合间隙距离，结果见表 2－8。

表 2－8　　直线塔最小组合间隙

最大过电压（标幺值）	海拔（m）	海拔校正系数 K_a	最小组合间隙（m）
1.50	0	1.0	9.2
	1000	1.043	9.6
	2000	1.1085	10.1

注　最小组合间隙距离考虑了人体的活动范围 0.5m。

（二）耐张塔最小组合间隙研究

按照±1100kV 直流耐张塔的绝缘子串，布置双联串的耐张绝缘子串，固定模拟人到均压环的距离 S_1 为 0.4m 不变，改变模拟人到横担的距离，分别进行操作冲击放电试验，获得耐张串不同组合间隙的放电特性曲线如图 2－23 所示。

结合危险率计算和海拔校正，计算得到不同海拔下耐张串作业人员进入等电位满足危险率小于 10^{-5} 的最小组合间隙距离（绝缘子串最小长度），计算结果见表 2－9，表中还给出了±1100kV 输电线路杆塔典型绝缘子为达到此最小安全距离所需要的绝缘子片数。表中间隙距离考虑 0.5m 的人体活动范围。

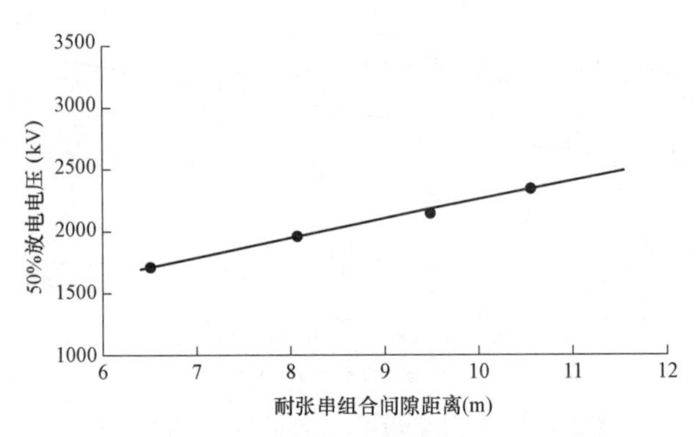

图 2-23　耐张串不同组合间隙的放电特性曲线

表 2-9　　耐张串满足最小组合间隙所需片数

最大过电压（标幺值）	海拔（m）	绝缘子串最小长度（m）	绝缘子型号	单片绝缘子结构高度（mm）	绝缘子最少片数
1.50	0	9.8	XZP2-300	195	51
			XZP-420	205	48
			LXZY-550	240	41
	1000	10.4	XZP2-300	195	54
			XZP-420	205	51
			LXZY-550	240	44
	2000	11.1	XZP2-300	195	57
			XZP-420	205	55
			LXZY-550	240	47

五、带电作业用绝缘工器具最小有效绝缘长度研究

（一）硬质绝缘工器具

试验所用绝缘吊杆如图 2-24 所示，单节长度为 2.85m，端部金具长度为 0.26m。试验中由于间隙距离较大，因此所用绝缘吊杆由 4 根单节绝缘吊杆前后相接组成。

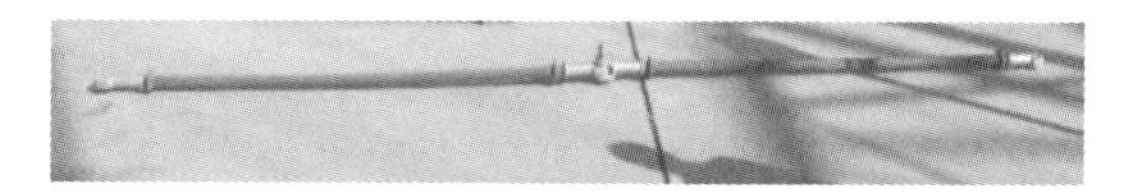

图 2－24　绝缘吊杆照片

绝缘吊杆试验现场布置如图 2－25 所示，将绝缘杆一端固定在上部横担，另一端靠近均压环，受限于绝缘杆的长度，绝缘杆下端不会正好与均压环相接，因此用地线将绝缘杆与均压环平行短接，使此时绝缘杆的有效绝缘长度正好等于均压环上沿到横担的高度。通过改变短接位置，使绝缘杆的长度分别为 10.5、9.5m 和 8.5m，进行冲击放电试验，每个间隙距离进行 40 次操作冲击放电试验，记录操作冲击放电电压值，每次试验前后记录现场的气象条件。计算 50%放电电压及标准偏差，其中 50%放电电压计算结果如图 2－26 所示，相对标准偏差为 3%～4.5%。

图 2－25　绝缘吊杆试验现场布置图

结合危险率的计算以及海拔校正，计算得到±1100kV 直流输电线路当最大操作过电压为 1.50（标幺值）时，不同海拔下硬质绝缘工具有效绝缘长度，结果见表 2－10。

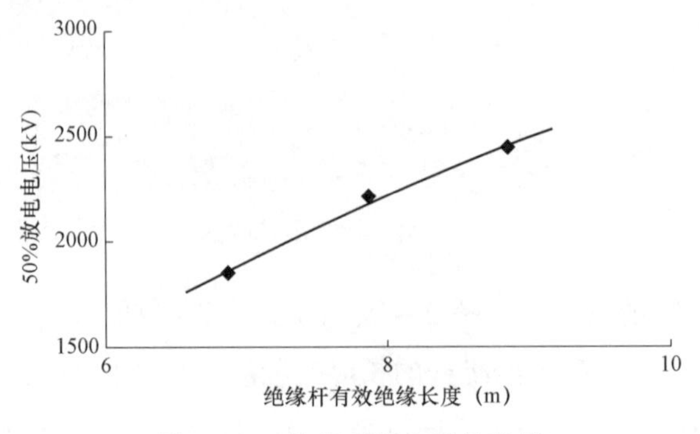

图 2－26　绝缘杆放电特性曲线

表 2－10　　硬质绝缘工具最小有效绝缘长度

最大过电压（标幺值）	海拔（m）	海拔校正系数 K_a	最小有效绝缘长度（m）
1.50	0	1.0	9.5
	1000	1.043	9.8
	2000	1.085	10.2

注　表中推荐的有效绝缘长度包括了绝缘杆中间连接金具 1.2m。

（二）软质绝缘工器具

带电作业过程中用到的软质绝缘工器具主要有绝缘绳和绝缘软梯等。其中绝缘绳主要用作其他工器具的提拉工具、进出等电位的工具等。绝缘软梯一般用作进出等电位的工器具。相关工具如图 2－27 所示。

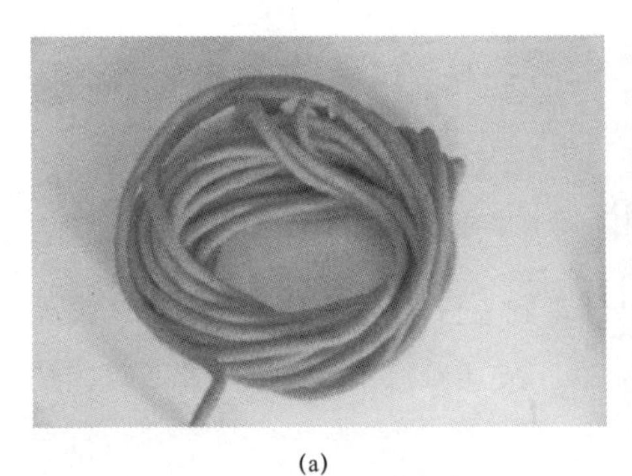

(a)

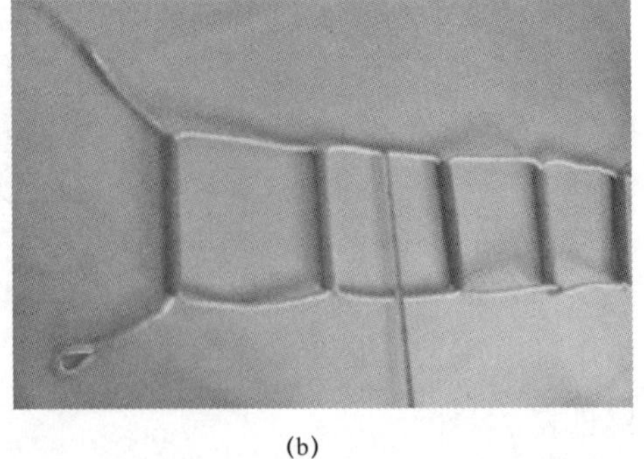

(b)

图 2－27　试验所用绝缘绳和绝缘软梯

（a）绝缘绳；（b）绝缘软梯

软质绝缘工具试验现场布置如图 2-28 所示，绝缘绳的一端与上部横担相接，将绝缘绳的另一端与均压环相接，此时绝缘绳的有效绝缘长度正好等于均压环上沿到横担的高度。通过改变短接位置，使绝缘绳的有效绝缘长度分别为 7.35、8.35m 和 9.35m，进行冲击放电试验，每个间隙距离做 40 次冲击放电试验，记录和计算每个间隙距离下的 50%放电电压及标准偏差，其中 50%放电电压计算结果如图 2-29 所示，标准偏差为 3%～4.5%。

图 2-28　软质绝缘工具试验现场布置图

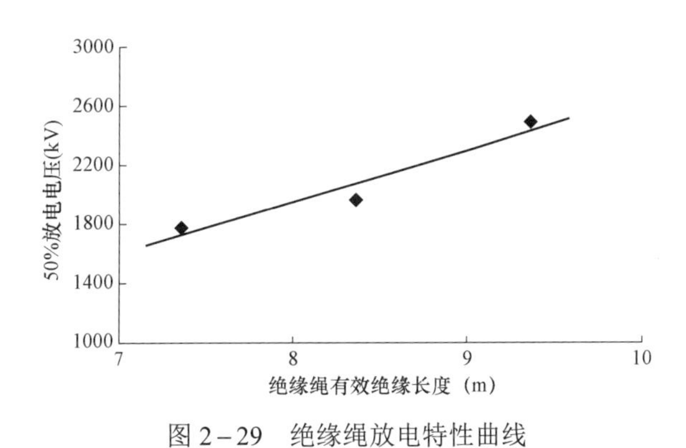

图 2-29　绝缘绳放电特性曲线

结合危险率的计算以及海拔校正，计算得到±1100kV 直流输电线路当最大操作过电压为 1.50（标幺值）时，不同海拔下软质绝缘工具最小有效绝缘长度，结果见表 2-11。

表2-11　　软质绝缘工具最小有效绝缘长度

最大过电压（标幺值）	海拔（m）	海拔校正系数 K_a	最小有效绝缘长度（m）
1.50	0	1.0	8.3
	1000	1.043	8.6
	2000	1.085	8.9

第五节　±1100kV输电工程河南段线路带电作业安全距离分析

一、河南段线路概况

昌吉—古泉±1100kV特高压直流输电线路工程起自新疆维吾尔自治区昌吉换流站，止于安徽省古泉换流站，线路途径新疆、甘肃、宁夏、陕西、河南和安徽6省（自治区），全长3293km，线路曲折系数1.11。

河南省内的线路起自河南省南阳市西峡县西坪镇狮子坪的陕豫省界，止于河南省固始县竹坪乡张新庄的豫皖边界，线路全长约537.2km，杆塔共计约1010基。±1100kV特高压直流工程在河南段的平丘地区采用8×JL1/G2A-1250/70钢芯铝绞线，三区段导线和跳线采用8×JL1/G2A-1250/100钢芯铝绞线，导线分裂间距550mm。地线一根采用JLB20A-240铝包钢绞线，另一根采用OPGW-240光缆。绝缘子串中，悬垂串及跳线串采用复合绝缘子，耐张串采用550kN的三伞形瓷绝缘子，部分采用840kN的瓷绝缘子。全线采用自立式铁塔。铁塔型式的规划包括直线塔、悬垂转角塔、耐张转角塔、终端塔，采用角钢塔和钢管塔。特高压直流输电线路典型杆塔尺寸如图2-30所示。

二、过电压情况分析

昌吉—古泉工程全长3293km，沿线途经新疆、甘肃、宁夏、陕西、河南、安徽6省，其中河南区域537.2km。昌吉—古泉全线的过电压水平如图2-1所示。

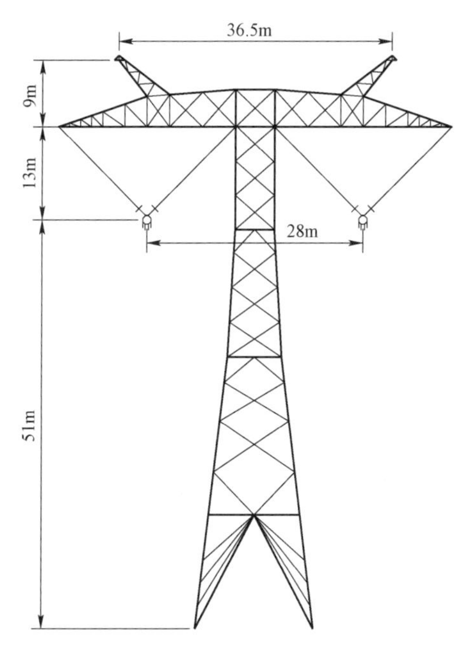

图 2－30　特高压直流输电线路典型杆塔尺寸图

根据图2－1所示的过电压分布曲线，河南段位于全线长度的70.5%～90.8%的位置，其过电压分布范围为 1.32（标幺值）～1.41（标幺值），即 1481.4～1582.0kV，线路走廊的海拔为100～1000m。

三、带电作业距离分析

±1100kV 线路河南段建成投运前，对现场杆塔的间隙距离进行了现场测试。直线塔现场测试照片如图 2－31 所示。

图 2－31　直线塔现场测距照片

根据国家电网有限公司企业标准 Q/GDW 11927—2018《±1100kV 直流输电线路带电作业技术导则》，在 1.50（标幺值）下，其带电作业要求的间隙距离 9.0m，最小组合间隙距离为 9.6m。现场实测结果表明，杆塔塔身到均压环的最小距离约为 9.6m，横担下表面到均压环上沿的距离为 10.1～13.0m，河南段直线杆塔的间隙距离基本均满足带电作业的要求。

耐张塔现场间隙距离校核如图 2－32 所示。由于耐张绝缘子片数由污秽控制，满足最小片数要求，在间隙测量中重点关注跳线对周围杆塔的间隙距离。根据 Q/GDW 11927—2018《±1100kV 直流输电线路带电作业技术导则》，在 1.50（标幺值）下，其带电作业要求的间隙距离为 9.0m，最小组合间隙距离为 9.6m。现场实测结果表明，河南段耐张塔的间隙距离基本均满足带电作业的要求。

图 2－32　耐张塔现场间隙距离校核照片

本 章 小 结

（1）分别进行了±1100kV 直线塔带电作业等电位最小安全距离试验和地电位最小安全距离试验。计算并得到了±1100kV 输电线路带电作业工作人员在直线塔上进行带电作业时应需满足的最小安全距离。

（2）分别进行了±1100kV 耐张塔带电作业等电位最小安全距离试验和地电位最小安全距离试验，计算并得到了±1100kV 输电线路带电作业工作人员在耐张塔上进行带电作业时应需满足的最小安全距离。

（3）±1100kV 线路河南段建成投运前，对现场杆塔的间隙距离进行了现场测量，在 1.50（标幺值）的过电压下，河南段的直线塔和耐张塔的间隙距离均满足带电作业的要求。

结合±1100kV 直流线路带电作业真型试验获得的带电作业最小安全距离等关键技术参数，结合河南段线路典型杆塔参数和带电作业操作过电压水平，分析明确了在实际线路上开展带电作业是安全、可行的。

第三章　±1100kV 直流特高压线路带电作业电场安全防护措施研究

第一节　带电作业人员电场仿真计算分析

为全面了解±1100kV 特高压直流输电线路空间及人员体表的电场分布及强度，项目组进行了计算研究。计算采用三维有限元计算方法。由于目前对于直流合成场（包含畸变情况）的三维建模计算还没有成熟规范的方法，因此在本计算中只考虑静电场，不考虑导线的电晕情况以及空间离子流电场。

一、计算条件及杆塔塔身周围电场分布

±1100kV 直流输电线路典型直线塔塔型如图 3－1 所示。

图 3－1 中，杆塔 V 形绝缘子串的夹角分别为 90°和 85°，其他塔身及横担结构尺寸相同。仿真计算中采用 90°夹角绝缘子串的结构进行计算。±1100kV 直流输电线路导线参数见表 3－1。

表 3－1　　±1100kV 直流输电线路导线参数选取

导线参数	分裂数	导体直径（mm）	分裂间距（mm）	对地高度（m）	相间距（m）
参数值	8	47.2	55	50	27.1

带电作业人员位于不同作业位置条件下的人体表面电场强度计算位置如图 3－2 所示，各计算位置的说明见表 3－2。

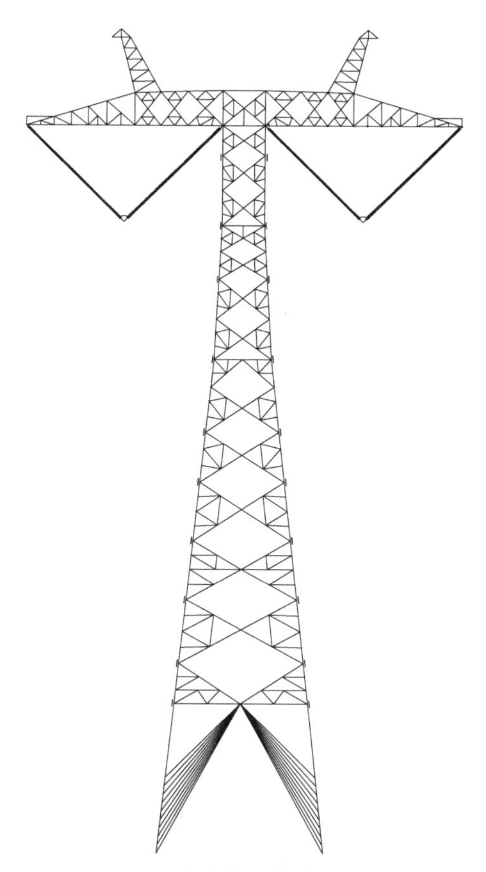

图 3－1　±1100kV 直流输电线路典型直线塔塔型图

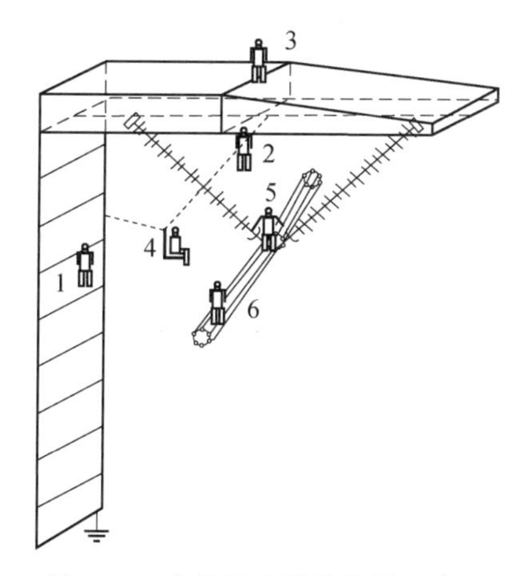

图 3－2　电场强度计算位置示意图

表 3-2　　　电场强度计算位置说明

计算位置	说明
位置 1	地电位，人体与导线处于同一水平面的塔身处
位置 2	地电位，人体位于导线正上方的横担下部
位置 3	地电位，人体位于导线正上方的横担上部
位置 4	中间电位，人体进入等电位过程中，头部超出吊篮，脚尖处于吊篮边缘，其他部位处于吊篮内。分别计算人体距离导线约 7m 及 3m 处
位置 5	等电位，塔窗内人员站立于极导线上，头部、手部、脚尖超出分裂导线，其他部位处于分裂导线内
位置 6	等电位，塔窗外人员站立于极导线上，头部、手部、脚尖超出分裂导线，其他部位处于分裂导线内

考虑铁塔的影响，不考虑离子流及人体的影响，杆塔周围的电场分布如图 3-3 所示。

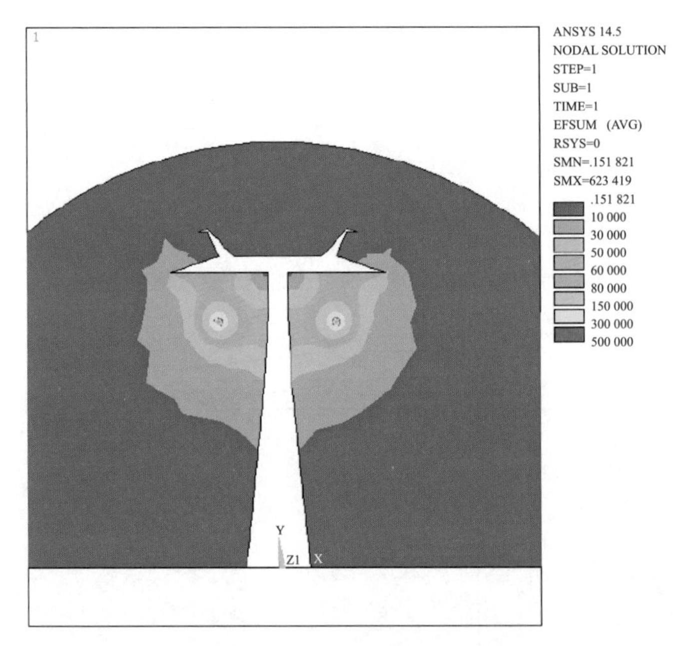

图 3-3　杆塔周围电场分布

二、带电作业人员体表电场强度计算及分析

计算时用到的人体模型如图 3-4 所示，人体模型尺寸见表 3-3。

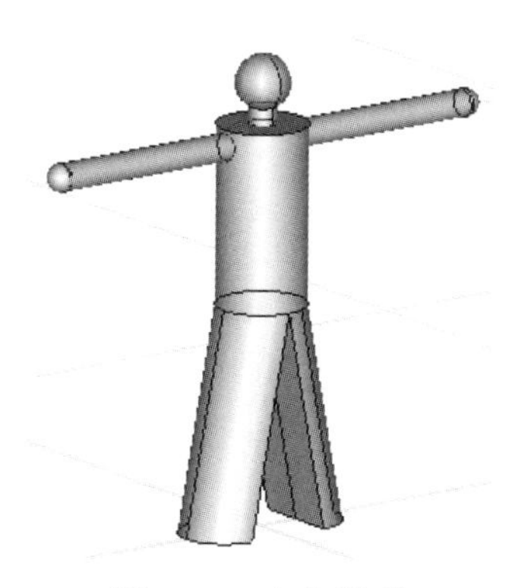

图 3－4　人体模型

表 3－3　　人体模型尺寸

人体部位	仿真所用几何体	几何体尺寸	
		高度（cm）	半径（cm）
下肢	圆柱体	80	16
躯干	圆柱体	65	16
颈部	圆柱体	7	5
头部	球体	—	10

位置 1（各位置详见表 3－2，下同），即带电作业人员位于塔身表面与导线等高处（地电位），人体表面电场强度计算值见表 3－4。人体表面电场分布图如图 3－5 所示。

表 3－4　　作业位置 1 处人体表面电场强度

人体部位	电场强度（kV/m）
头顶	249.3
面部	206.9
胸部	183.6
膝部	139.4
手部	421.5
脚部	418.8

位置 2，即带电作业人员位于导线正上方的横担下部，其电场强度计算值见表 3－5。人体表面电场分布图如图 3－6 所示。

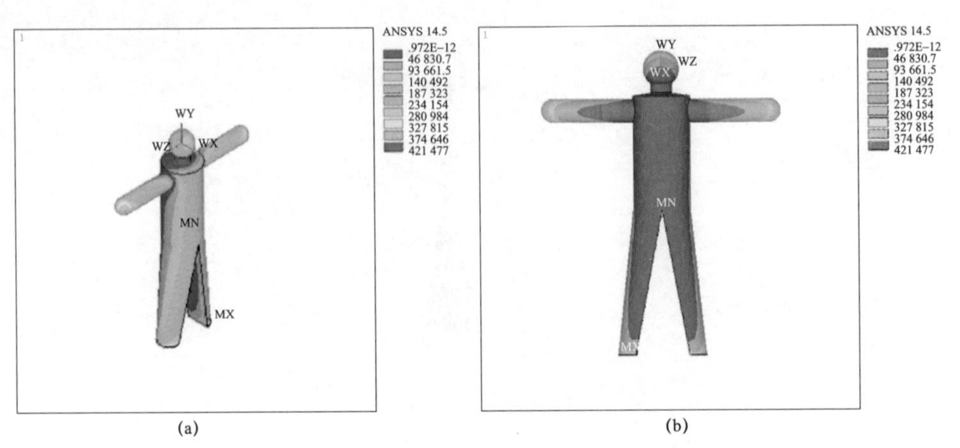

图 3-5　带电作业人员位于位置 1 时人体表面电场分布图

（a）人体朝向导线侧；（b）人体朝向杆塔塔身侧

表 3-5　　作业位置 2 处人体表面电场强度

人体部位	电场强度（kV/m）
头顶	3.4
面部	10.6
胸部	137.8
膝部	308.5
手部	372.7
脚部	1319.2

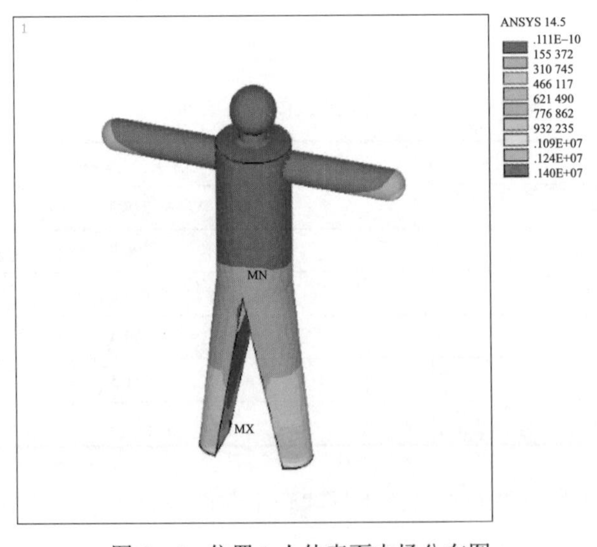

图 3-6　位置 2 人体表面电场分布图

位置 3，即带电作业人员位于导线正上方的横担上部，其电场强度计算值见表 3－6。人体表面电场分布图如图 3－7 所示。

表 3－6　　　　　　作业位置 3 处人体表面电场强度

人体部位	电场强度（kV/m）
头顶	63.6
面部	48.0
胸部	21.5
膝部	9.5
手部	84.6
脚部	2.3

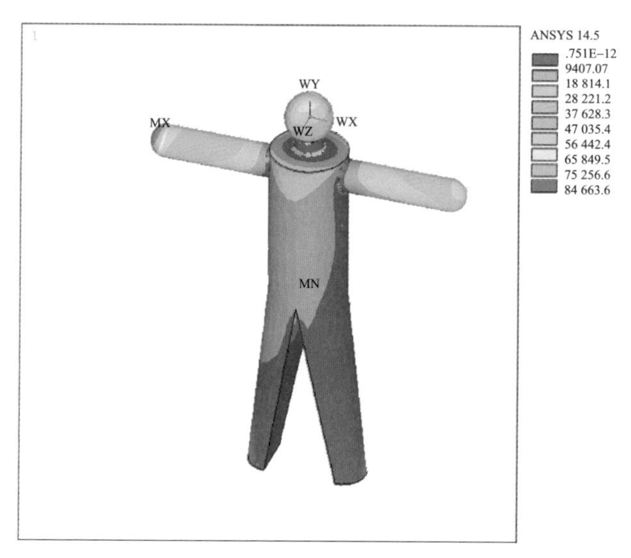

图 3－7　位置 3 人体表面电场分布图

位置 4，作业人员利用塔上吊篮法进入等电位过程中，分别计算人体距离导线 7m 和 3m 时，作业人员体表电场强度，结果详见表 3－7 和表 3－8。人体表面电场分布图如图 3－8 和图 3－9 所示。

表 3－7　　作业位置 4 处电场强度计算结果（距离导线 7m）

人体部位	电场强度（kV/m）
头顶	248.9
面部	179.0
胸部	139.9
膝部	202.4
手部	239.4
脚部	478.9

表 3－8　　作业位置 4 处电场强度计算结果（距离离导线 3m）

人体部位	电场强度（kV/m）
头顶	498.6
面部	326.4
胸部	285.6
膝部	349.7
手部	326.4
脚部	1016.9

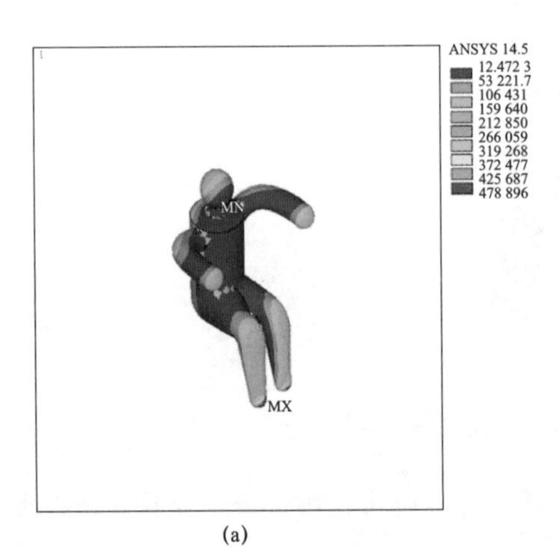

(a)

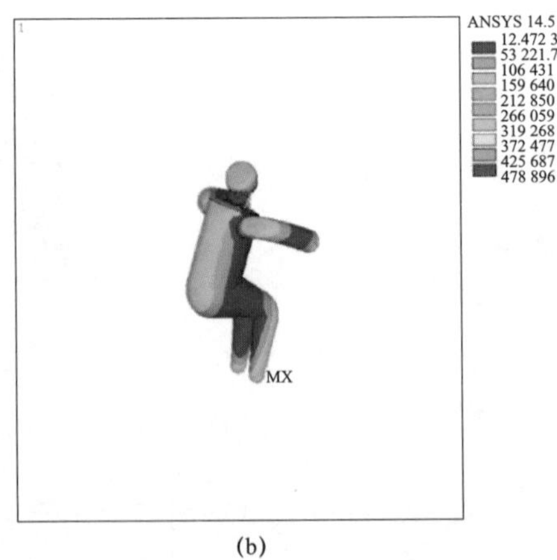

(b)

图 3－8　位置 4（人体距离导线 7m）电场分布

（a）前部（面向导线方向）；（b）后部（背部朝向塔身方向）

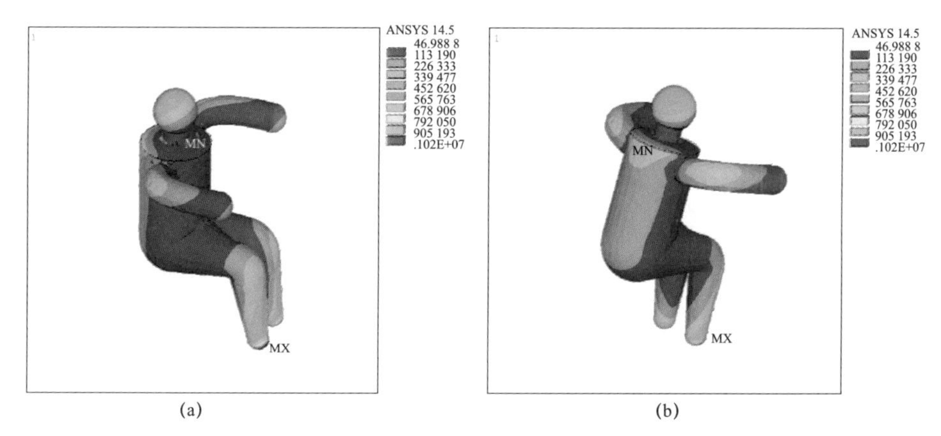

(a)　　　　(b)

图 3-9　位置 4（人体距离导线 3m）人体表面电场分布图

（a）前部（面向导线方向）；（b）后部（背部朝向塔身方向）

位置 5，作业人员处于直流输电杆塔塔窗内，站立于线路极导线上（等电位），头部、手部、脚尖超出分裂导线，其他部位处于分裂导线内。该位置电场强度计算结果见表 3-9，人体表面电场分布如图 3-10 所示。

表 3-9　　作业位置 5 处电场强度计算结果

人体部位	电场强度（kV/m）
头顶	1680.5
面部	1367.7
胸部	361.5
膝部	196.0
手部	2155.8
脚部	364.9

位置 6，作业人员处于直流输电杆塔塔窗外（据杆塔塔窗构架范围外约 5m），站立于线路极导线上（等电位），头部、手部、脚尖超出分裂导线，其他部位处于分裂导线内。该位置电场强度计算结果见表 3-10，人体表面电场分布如图 3-11 所示。

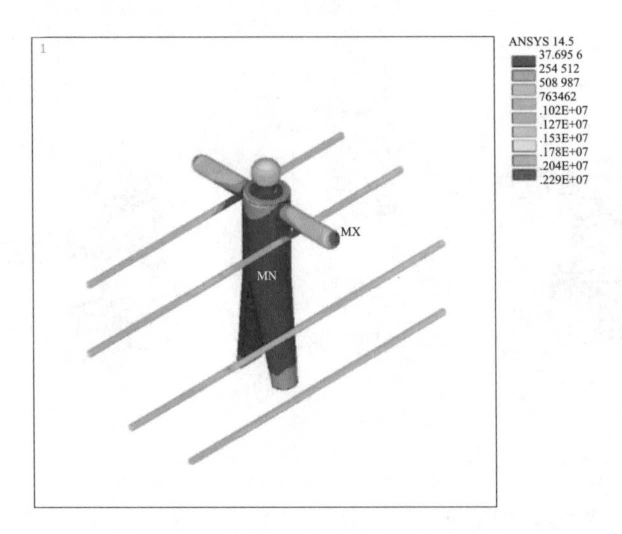

图 3－10　位置 5 人体表面电场分布图

表 3－10　　作业位置 6 处电场强度计算结果

人体部位	电场强度（kV/m）
头顶	1345.6
面部	1191.3
胸部	358.6
膝部	180.8
手部	1975.0
脚部	359.8

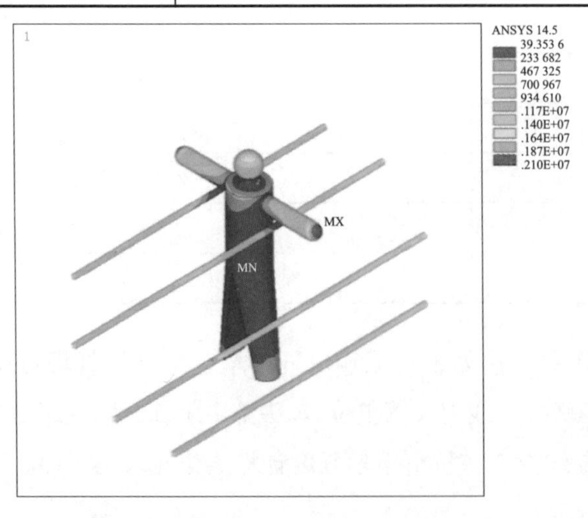

图 3－11　位置 6 人体表面电场分布图

分析计算结果发现，在带电作业人员处于地电位，当人体位于杆塔塔身附近时（位置 1），人体手部、脚部电场强度较高，最高可达 421.5kV/m；当人体位于杆塔横担上部时（位置 3），人体电场强度均较低，体表电场强度最大值出现在人的手部，为 84.6kV/m；当人体杆塔横担下部时（位置 2），考虑脚部伸出横担，此时人体最大电场强度出现在脚部，可达 1319.2kV/m。

当带电作业人员采用吊篮法进入等电位时（位置 4），人体脚部电场强度最大，头部和膝部电场强度相对较高，随人体不断靠近导线，人体体表电场强度也不断增强，当人体距离导线约 3m 时，脚部电场强度可达 1016.9kV/m。

当带电作业人员位于导线上等电位时（位置 5、位置 6），带电作业人员体表最大电场强度出现在手部，头部、面部电场强度也较高。带电作业人员在塔窗内导线上人体体表各部位电场强度高于人体在塔窗外导线上的情况。带电作业人员在塔窗内导线上，其手部最大电场强度可达 2155.8kV/m，在塔窗外导线上，其手部最大电场强度为 1975.0kV/m。

带电作业人员位于直流输电线路导线上时，突出于导线外部的人体部分电场强度较高。因此，在带电作业过程中，作业人员应避免将四肢向导线外部伸展，以防止因人体体表电场强度过高而可能出现的放电现象。

第二节 带电作业安全防护措施及用具

一、带电作业安全防护用具

屏蔽服是带电作业中最重要的安全防护用具。由于直流输电的特点，在直流输电线路导线下几乎不存在电容耦合作用，这时输电线路导线上的电晕和所产生的空间电荷对于各种感应效应起着决定性的作用。对于直流等电位作业人员，通过人体的电流，主要是穿透屏蔽服通过人体的空间离子电流。所以在特高压直流输电线路上实施带电作业时，屏蔽服的作用为屏蔽空间合成场，将衣内电场强度限制到一个安全值；阻挡空间离子定向移动所形成的电流，使衣内人体电流限制到人体感觉电流以下；并在人体转移到不同电位时，将转移的能量通过屏蔽服释放，从而保证电位转移过程中人体安全。

我国现有的屏蔽服主要采用金属材料和纺织纤维经过特殊加工制作成屏蔽织物，再织造成用作交、直流高压或特高压输电线路的带电作业屏蔽服，经过试验和试用证明，这种方法制作的屏蔽服，屏蔽效能好、结实耐磨，具有良好的力学性能、阻燃性能，通过调整屏蔽织物的原材料及原材料组成配比，可以对屏蔽服的屏蔽效能进行优化，经济性好，能够满足各电压等级输电线路带电作业对屏蔽服的要求，符合 GB/T 6568—2008《带电作业用屏蔽服装》的要求。

屏蔽服的金属材料主要有两种形式：一种是金属丝，另一种是金属纤维。不同金属制成的屏蔽织物其屏蔽效能、服用性、物理性能、耐腐蚀性和耐磨性均有较大的差异。棉布镀铜或镀银屏蔽服，屏蔽效率高达 90dB，服用性能较理想，但镀层易脱落，且不耐燃。使用铜丝类金属材料制作的屏蔽织物，其制成的屏蔽服有较好的电气性能，但耐腐蚀和耐磨性以及服用性不够理想。采用不锈钢丝制作的屏蔽织物尽管有较好的电气性能，使得制作的带电作业屏蔽服具有良好的屏蔽效能，也具有耐磨和耐腐蚀的优点，但如果用直径 0.3mm 及以上的圆丝，则服用性能和折断问题未能解决。相比之下，不锈钢纤维其挠性好与有机纤维大致相等，并具有纤维的加工性，因此可纺纱、织布和缝制，物理和机械性能好、强度大、扬氏模量大，延伸率小，具有较好的弯曲加工性与耐磨性，耐腐蚀性好，耐气候性优良，完全耐硝酸、碱等有机溶液的腐蚀，耐热性好，作为织造屏蔽织物的金属材料具有良好的电气性能，服用性好，物理性能和化学性能均符合要求，因此我们选用不锈钢纤维作为织造特高压直流输电线路带电作业屏蔽服的材料，其规格为 6～8μm，主要材质是 $OCr_{18}Ni_9$。

带电作业屏蔽服所用的纺织纤维要考虑与导电材料交织后的耐磨、耐燃烧和穿着舒适等性能。其中最重要的是耐燃烧，否则，当作业人员在接触和脱离带电体过程中产生的电火花有可能烧坏屏蔽服。对于特高压直流输电线路带电作业而言，作业人员需要进入等电位面作业，处于高空位置，作业难度大，作业电压高，一旦产生电火花烧坏屏蔽服极有可能导致人员伤亡及重大的经济损失，故我们选用阻燃纤维作为制作屏蔽服的纺织纤维材料。

目前，我国阻燃纤维的种类较多，有耐高温的合成纤维，有外加阻燃涂料进行防火处理的纤维；也有自身具有一定阻燃能力的纤维，如桑蚕丝、柞蚕丝等，如图 3－12 所示。在 500kV 特高压直流输电线路带电作业中桑蚕丝被用作带电作业屏蔽服的纺织纤维材料，其服用性和性价比较好。与桑蚕丝相比，柞蚕丝外观呈一定的黄褐色，且手感与光泽度相对桑蚕丝较差，但柞蚕丝耐碱性、耐酸性、耐湿热性、力学性能与绝缘性能明显优于桑蚕丝。使用柞蚕丝作为带电作业屏蔽服的纺织纤维材料制作的屏蔽服相比于使用桑蚕丝制作的带电作业屏蔽服，具有更好的阻燃特性，化学性能与物理性能也明显更好，更适合作为特高压直流输电线路带电作业屏蔽服进行使用，因此我们选用柞蚕丝作为制作屏蔽服的纺织纤维材料。

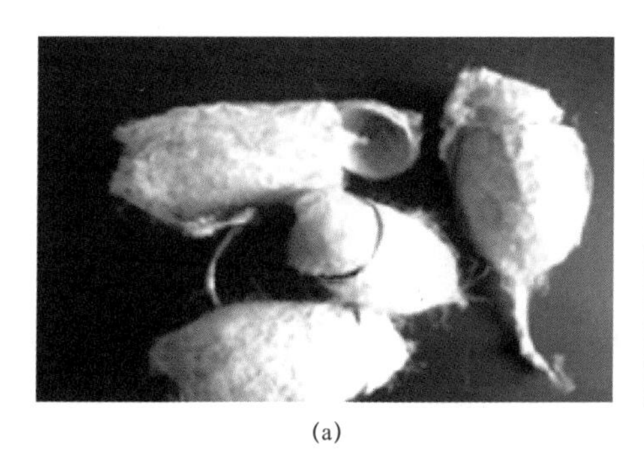

(a)

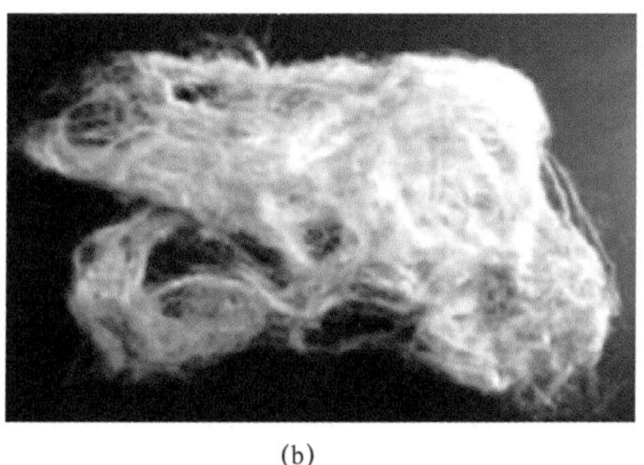

(b)

图 3－12　柞蚕丝外观图

（a）柞蚕茧；（b）柞蚕丝

二、屏蔽服的主要技术参数

适用于±1100kV 直流特高压线路带电作业的屏蔽服必须具有屏蔽合成场、阻挡直流离子电流、释放电位转移时的能量等功能。应根据±1100kV 特高压直流输电线路安全防护对象的特性，确定屏蔽服的主要技术参数，并使用试验进行验证，以保证带电作业的安全性。

屏蔽作业空间的合成场是屏蔽服的主要功能之一。一般认为在同样的电场强度下，直流电场对人体的影响要低于交流电场。因此在制定特高压直流输电线路带电作业电场强度防护标准时，可沿用交流线路带电作业中防护电场的要求，在±1100kV 直流特高压线路最高运行电压带电作业时，屏蔽服内部局部最大电场强度不超过 15kV/m，裸露部位局部最大电场强度不超过 240kV/m，作为用于±1100kV 直流特高压线路屏蔽服主要技术参数基准原则之一。

由于在特高压直流输电线路下只有电晕引起的离子电流，其幅值比交流线路对地容性电流低 1～2 个数量级。IEC 资料显示，要达到等效的人体电流效应，直流与交流电流的有效值之比为 2～4。目前我国国标规定交流线路附近长期通过人体电流应小于 50μA。因此我们可参照对交流电流的规定，以直流特高压线路带电作业时，流经人体的电流不超过 50μA 作为确定±1100kV 直流特高压线路直流屏蔽服主要技术参数基准原则之一。

目前屏蔽服的导电手套与电位转移棒均可作为电位转移脉冲电流的安全防护用具。在电位转移放电不明显、转移脉冲电流较小时可直接使用导电手套进行电位转移，不必采用电位转移棒。而当电位转移脉冲电流幅值较高，转移能量较大，有可能对屏蔽服及作业人员造成危害时，应使用电位转移棒。目前进行交流 750、1000kV 进行电位转移时，必须采用电位转移棒。鉴于直流特高压线路电位转移脉冲电流幅值远远低于交流特高压线路水平，是否采用电位转移棒进行电位转移需要通过对屏蔽服的载流容量等参数进行试验验证。而屏蔽服的载流容量等参数也是其重要的技术参数之一。

综上所述，可依照如下原则确定屏蔽服的主要技术参数：

（1）屏蔽服内部最大电场强度不超过 15kV/m，面罩内部最大电场强度不超过 240kV/m；

（2）流经人体的电流不超过 50μA；

（3）载流容量等参数能够达到电位转移安全防护的要求。

本项目进行中，项目组提出了能够适用于±1100kV 直流特高压线路的带电作业屏蔽服装，其采用均匀分布的导电材料和纤维材料，具有屏蔽合成场、阻挡旁路电流、阻挡离子流、耐汗蚀、耐洗涤、耐电火花等功能。

三、屏蔽服的试验测试

（一）屏蔽服基本参数测试

屏蔽效率（交流电压下）、衣料电阻、熔断电流等是国家标准中规定的屏蔽服的基本参数。由于目前我国还没有针对直流屏蔽服的标准，直流屏蔽服的性能参数要求以及试验方法均是参照交流屏蔽服标准。GB/T 6568—2008《带电作业用屏蔽服装》（该标准适用于交流 110（66）kV～750kV，直流±500kV 及以下电压等级的电气设备）对带电作业用屏蔽服装进行了规范，屏蔽服应具有较好的屏蔽性能、较低的电阻、适当的载流容量、一定的阻燃性及较好的服用性能，整套屏蔽服间应有可靠的电气连接；对于整套屏蔽服，各最远端点间的电阻值不大于 20Ω，在规定的使用电压等级下，衣服内的体表电场强度不大于 15kV/m，流经人体的电流不大于 50μA，人体外露部位的体表局部电场强度不得大于 240kV/m，在进行整套屏蔽服的通流容量试验时，屏蔽服任何部位的温升不得超过 50℃。各部分电阻值要求见表 3－11。

表 3－11　　　　屏蔽服的各部分电阻值要求

部位	上衣	裤子	手套	短袜	鞋子
电阻值（Ω）	＜15（最远端点之间）	＜15（最远端点之间）	＜15	＜15	＜500

另外，帽子的保护盖舌和外伸边缘必须确保人体外露部位不产生不舒适感，并确保在最高使用电压的情况下，人体外露部位的表面电场强度不大于 240kV/m。

项目组根据 GB/T 6568—2008《带电作业用屏蔽服装》中的要求对用于±1100kV 直流特高压线路的屏蔽服进行了测试，基本参数测试结果见表 3－12。

表 3－12　　　　±1100kV 特高压直流输电线路带电作业用屏蔽服装衣料基本参数测试结果

试验项目		标准规定值		测量值
		GB/T 25726—2010《1000kV 交流带电作业用屏蔽服装》	IEC 60895：2002《标称交流电压 800kV 以下和直流电压±600kV 的带电作业用的导电衣着》	
衣料电阻（Ω）		≤0.8	≤1.0	0.372
衣料熔断电流（A）		＞5	＞5	9.7
断裂强度（N）	径向	≥343	≥343	934
	纬向	≥294	≥294	884
断裂伸长率（%）	径向	≥10	≥10	17.3
	纬向	≥10	≥10	33.5
面罩屏蔽效率（dB）		—	—	79.0

（二）屏蔽服衣料屏蔽效率试验

在对屏蔽服衣料及成衣性能进行测试的基础上，项目组根据直流特高压线路带电作业的特定，对屏蔽服对人员体表合成场的防护性能进行专项测试。

在人体接近超/特高压导线或与超/特高压导线等电位时，会出现较高的体表电场强度，而且由于人体形状复杂及人体各部位与带电体的方位距离不同，各部位的电场强度是不同的，若不采取屏蔽措施，会使作业人员皮肤感到重麻、刺激，而屏蔽服的主要功能之一就是屏蔽高压电场，降低电场对作业人员的影响。屏蔽效率是衡量屏蔽服性能的指标，在交流电压下，其可表示为屏蔽前后接收极上的电压比值，单位为分贝（dB）。计算公式如下

$$SE = 20\lg\frac{U_{\mathrm{ref}}}{U} \tag{3-1}$$

式中 SE——屏蔽效率，dB；

U_{ref}——基准电压，V；

U——屏蔽之后的电压值，V。

对于交流 750kV 等级以下的屏蔽服，我国国家标准中规定，其屏蔽效率不得小于 40dB，即能够屏蔽 99%的外部电场强度，而用于交流 1000kV 线路的屏蔽服的屏蔽效率超过 60dB。

交流电压下屏蔽效率利用电压的比值进行计算与其测试方法有关。项目组对用于±1100kV 直流特高压线路带电作业中的屏蔽服进行了试验，试验结果表明该屏蔽服屏蔽效率为 83.6dB，能够屏蔽外界 99.9%以上的电场。

值得注意的是，上述屏蔽效率的计算公式及试验方法均是针对交流电压环境而言的。在 IEC 60895：2002《标称交流电压 800kV 以下和直流电压±600kV 的带电作业用的导电衣着》已明确指出，特高压直流输电线路带电作业中使用的屏蔽服，其屏蔽效率的概率与交流等效，即在交流电压下试验得到的屏蔽效率在特高压直流输电线路中可参照使用。但为验证用于±1100kV 直流特高压线路的屏蔽服对直流合成场的屏蔽效率，项目组对屏蔽服直流电压下的屏蔽效率进行了测试。

1. 试验设备

试验平台主要包括一个特制的平板电极和一台直流电压发生器及其控制

台。其中平板电极的极间距为0.5m，此设计方便计算电场强度值，两极板间的电场强度值正好为所加电压值的两倍。上下极板均为 1.5m×1.5m 的正方形极板。上极板连接高压引线，下极板接地。极板与绝缘支柱连接处的螺丝螺母等均由绝缘材料制成，此设计可以极大地减少电晕的产生，减小电场强度畸变。直流电压发生器最大输出电压值为500kV，由上下两级构成，每一级最大输出电压为250kV。被测试品为一块±1100kV 带电作业用屏蔽服屏蔽布料，布料表面平整，没有缝接缝隙，没有明显褶皱。

使用的测量设备是一套场磨式电场测量仪。选取大量程和小量程探头各一只，其中大量程探头量程为400kV/m，精度为0.1kV/m，专门用于测量极板间的自然电场强度；小量程探头量程为80kV/m，精度为0.05kV/m，专门用于测量通过屏蔽布料屏蔽后的电场强度值。两个探头的采样周期均为5s。

2. 试验结果分析

将探头置于平行极板间，通过对极板施加不同电压，分别测量极板间的自然电场强度值和通过屏蔽布料屏蔽后的电场强度值。其中自然电场强度值利用大量程探头进行测量，而屏蔽后的电场强度值利用小量程测量，测量试验照片如图 3－13 所示，试验中将屏蔽布料把探头包紧，没有明显缝隙，保证屏蔽效果。

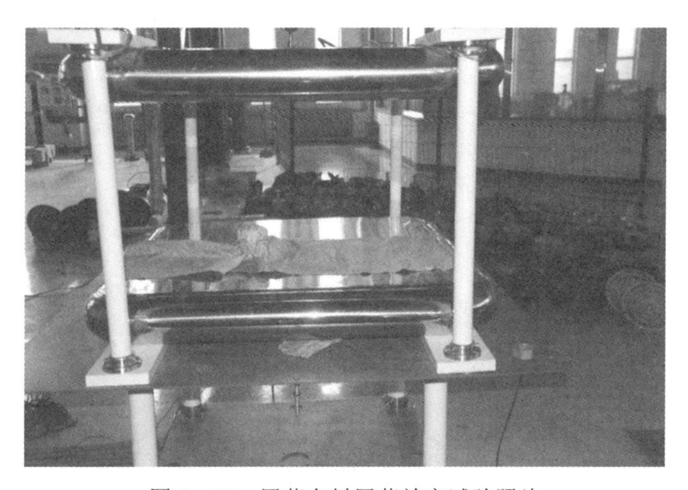

图 3－13　屏蔽布料屏蔽效率试验照片

通过对平板电极施加不同极性的不同电压值，测得未加屏蔽服和加屏蔽服两种情况下的电场强度如图 3－14 和图 3－15 所示。

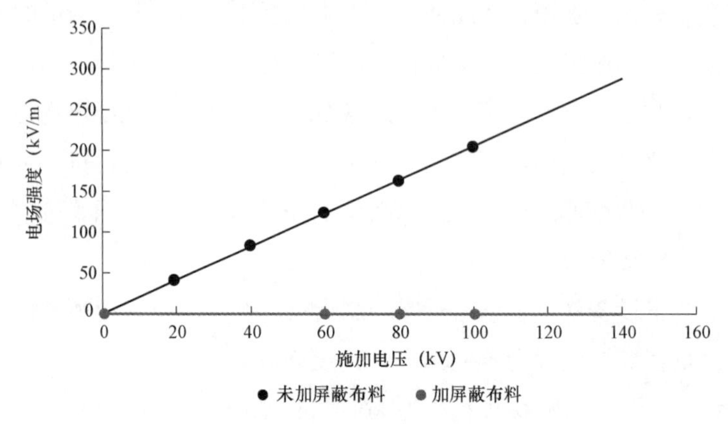

图 3－14　正极性下衣料屏蔽效率试验结果

根据试验结果，结合式（3－1）即可算出屏蔽衣料的屏蔽效率。由于在施加电压小于 80kV 时，屏蔽衣料下的电场测量探头读数几乎为 0，导致无法进行屏蔽效率计算，因此选取区间 80～120kV 内测量读数作为计算依据，得到±1100kV 屏蔽服屏蔽布料的屏蔽效率大于 70dB。这个结果要明显高于 GB/T 25726—2010《1000kV 交流带电作业用屏蔽服装》中要求屏蔽服装的衣料屏蔽效率不小于 60dB 和 IEC 60895：2002《标称交流电压 800kV 以下和直流电压±600kV 的带电作业用的导电衣着》中要求屏蔽服装的衣料屏蔽效率不小于 40dB 的标准。

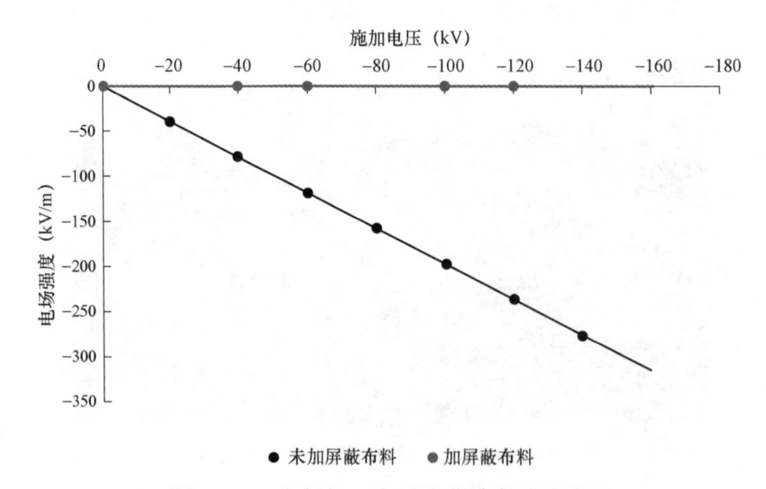

图 3－15　负极性下衣料屏蔽效率试验结果

（三）泄漏电流的测量试验

1. 测量原理与设备

当穿戴整套屏蔽服的作业人员位于空间强电场中时，流经屏蔽服及人体的电流测量原理如图 3－16 所示。

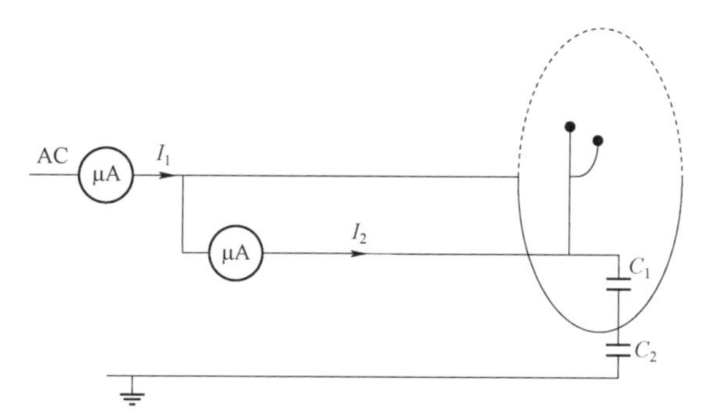

图 3－16 流经屏蔽服及人体的电流测量原理图

C_1—人体与屏蔽服间的电容；C_2—屏蔽服与大地间电容；

I_1—流经屏蔽服和人体的总电流；I_2—流经人体的电流

在进行试验前，对屏蔽服屏蔽泄漏电流能力未知，因此不宜使用真人进行试验。在测量流经人体和屏蔽服的泄漏电流时，利用模拟人穿戴整套屏蔽服进行测量。为模拟人体的导电性，将模拟人身穿两套屏蔽服，以内层屏蔽服来模拟导电人体，同时保证两套屏蔽服有效绝缘。

在测量流过屏蔽服的电流时，模拟人身穿的外层屏蔽服仅裤腿处一点通过屏蔽测量线与电流表的测量端连接，电流表的另一端与地或导线相接。模拟导线施加直流电压后，空间离子电流向地面流动，部分离子电流流过屏蔽服经电流表流出，此时测到的电流即是流经屏蔽服的电流。

在测量流过人体的电流时，将电流表串接在内外层屏蔽服之间，内外层屏蔽服绝缘良好，内层屏蔽服仅通过袖口处的一根屏蔽线与电流表的一端相接，电流表的另一端接在外层屏蔽服的袖口处。当模拟导线施加直流电压后，空间离子电流向地面流动，部分离子流过人体后再流过屏蔽服，此时测得的电流即是流经人体的电流。试验所用测量仪器为 C31/1－μA 型直流电流表两只。

2. 试验结果与分析

（1）地面泄漏电流试验。将穿戴好屏蔽服的模拟人站立于导线正下方的绝缘胶皮上，导线对地 12m。将一只电流表的一端接在模拟人外层屏蔽服的裤腿处一点，另一端接地，此时这只电流表测量的是流经屏蔽服的电流；将另一只电流表的两端分别与内外层屏蔽服相接，此时这只电流表测量的是流经人体的电流，地面泄漏电流测量试验布置照片如图 3－17 所示。

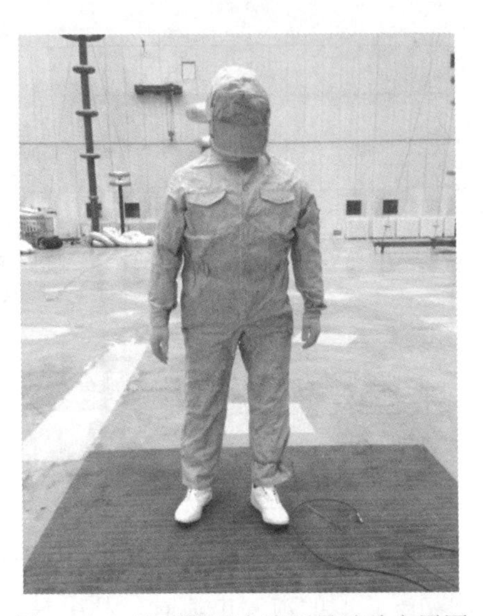

图 3－17　地面泄漏电流测量试验布置图

对模拟导线施加不同极性的直流电压，测得流经屏蔽服和流经人体的电流见表 3－13。

表 3－13　　流经屏蔽服和人体的电流测量结果一

施加电压（kV）	屏蔽服电流（μA）	人体电流（μA）
+400	0	0
+800	5	0
+1000	18	0
+1100	28	0
－400	0	0
－800	－14	0
－1000	－29	0
－1100	－43	－1

（2）等电位泄漏电流测试。将穿戴好屏蔽服的模拟人固定在木椅上，将模

拟人及木椅吊起，靠近导线但不与导线接触。将一只电流表的一端接在模拟人外层屏蔽服的裤腿处一点，另一端与模拟导线相接，此时这只电流表测量的是流经屏蔽服的电流；将另一只电流表的两端分别与内外层屏蔽服相接，此时这只电流表测量的是流经人体的电流。将两只电流表固定在便于地面观察的位置。等电位泄漏电流试验布置照片如图 3－18 所示。

图 3－18　等电位泄漏电流试验布置图

对模拟导线施加不同极性的直流电压，测得流经屏蔽服和流经人体的电流见表 3－14。

表 3－14　　流经屏蔽服和人体的电流测量结果二

施加电压（kV）	屏蔽服电流（μA）	人体电流（μA）
+400	0	0
+800	8	0
+1000	18	0
+1100	23	3
－400	0	0
－800	－5	0
－1000	－9	0
－1100	－12	－1

（3）试验结果分析。当作业人站在直流高压导线下时，身体表面将会有离

子电流流过。流过的离子电流大小与线路导线表面的电场强度有关，与风力作用下离子的飘向有关，也与离子流通过的人体的表面积有关。线路电压越高，线路导线表面的电场强度越高，产生的离子电流越大。离子流通过人体的表面积越大，流过人体的离子电流值也越大。

通过地面泄漏电流试验结果可以看出，由于没有风的影响，模拟导线产生的离子竖直飘向地面。当穿戴屏蔽服的模拟人站在导线下方时，会有较多的离子流通过屏蔽服表面。当导线电压为±1100kV 时，流经人体的泄漏电流在 1μA 左右，远小于 GB/T 25726—2010《1000kV 交流带电作业用屏蔽服装》中规定的小于 50μA 的水平。通过等电位泄漏电流试验结果可以看出，当导线电压为±1100kV 时，流经人体的泄漏电流在不会超过 5μA，也远小于 GB/T 25726—2010《1000kV 交流带电作业用屏蔽服装》中规定的小于 50μA 的水平。

四、带电作业人员安全防护措施

从以上带电作业屏蔽服对直流环境下合成电场和对离子电流屏蔽效果的试验可知，在进行±1100kV 特高压直流输电线路带电作业时，无论作业人是地电位作业还是等电位作业，身体表面都会受到高压直流电场的作用。特别是人体头部和其他凸出部位由于形成了尖端面，显著畸变了周围电场，当这些部位临近高压带电体时，表面将产生远高于带电作业允许值的电场强度。因此作为必要的安全防护措施，无论是地电位作业还是等电位作业，作业人员必须穿着全套屏蔽服。屏蔽服衣内的最高直流电场强度可保证低于 3kV/m，远小于 15kV/m 的规定值。

屏蔽服的穿着必须规范，即应按设计要求穿衣戴帽，并连接好帽子、上衣、裤子、手套和鞋子相互间的连接导线。上衣的纽扣应全部扣好，脸罩与帽子的按扣也应全部扣好，以免作业时空间离子随风飘入屏蔽服衣缝和脸罩内，产生额外的电场强度。

±1100kV 特高压直流输电线路等电位作业时，流经作业人员屏蔽服的电流不大于 50μA，经屏蔽服衰减后流经人体的电流在 1μA 左右，远小于 50μA 的规定值，因此屏蔽服可有效地对流经人体的电流起到防护作用。

由于从地电位进入等电位作业时，作业人员对±1100kV 特高压直流输电线路导线的拉弧距离约为 0.2m，且瞬时最大幅值可达到 150A 左右，最高可能达到 190A，因此需要使用电位转移棒等措施减小接触电流或避免电弧灼伤。同时带电作业人员在进入等电位过程中，必须快速完成进入动作，防止多次拉弧造成电弧灼伤。

第三节　带电作业安全防护措施的验证

为了验证±1100kV 特高压线路带电作业安全防护措施的有效性，项目组联合中国电力科学研究院有限公司在国家电网有限公司特高压直流试验基地开展了±1100kV 输电线路模拟带电作业试验。

一、试验条件

国家电网有限公司特高压直流试验基地位于北京市昌平科技园区，试验基地南侧建有特高压直流试验线段。该超大规模的特高压直流试验基地在国内是首例，这个基地在电压等级、设计规模、综合试验能力等方面均处于世界领先地位，具有多项世界第一。

特高压直流试验段全长 832m，同塔双回架设，分 3 挡，分别为 305、300、227m，由两基门塔（T4、T5）和两基锚塔（T3、T6）组成，如图 3－19 和图 3－20 所示。门塔上下分别安装有两层可移动横梁，横梁对地高度可调。目前试验线段架设的导线型式为 $6 \times 900/40mm^2$。试验线段配备额定 1200kV、200mA 的直流电压发生器，能够为±1100kV 带电作业模拟试验提供条件。

二、现场试验

（一）现场准备

2018 年 5 月 26 日上午 9 时，16 名带电作业队员，在一基高压门塔下集合完毕，准备开展带电作业模拟试验。

图 3－19　特高压试验线段局部照片

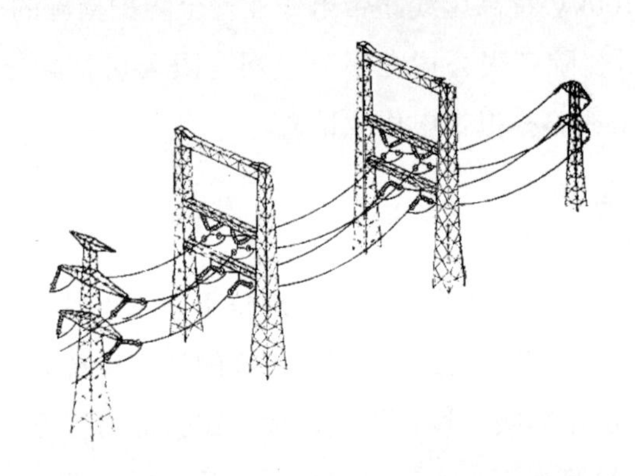

图 3－20　特高压试验线段测量段三维可视图

图 3－21　等电位人员穿戴全套屏蔽服的照片

现场首先进行了±1100kV 特高压直流输电带电作业实用化技术培训，讲解了本次作业的注意事项。

接着等电位作业人员穿戴整齐最新研制的±1100kV 带电作业屏蔽服，并且由相关工作人员进行检查和测试，保证屏蔽服各项参数正常。图 3－21 为等电位人员穿戴全套屏蔽服的照片。

此后，地面和等电位作业人员准备完毕，并达到作业位置。然后特高压试验基地试验线段开始升压直至达到双极最高运行电压±1122kV，作业准备全部完成。

（二）从侧面塔身摆入等电位

首先，用吊篮法由侧面塔身摆入等电位，图3－22为带电作业人员摆入等电位的过程；图3－23为带电作业人员使用电位转移棒进入等电位的瞬间。整个过程快速、准确，顺利地完成了带电作业进入等电位的工作。

图3－22 ±1100kV特高压直流输电带电作业摆入等电位的过程

图3－23 ±1100kV特高压直流输电带电作业人员使用电位转移棒进入等电位的瞬间

（三）无人机配合绝缘软梯进入等电位

根据带电作业安全距离校核后，如果线路有些典型塔位的空气间隙比较小，可以依靠无人机配合由地面进入等电位。实际操作现场中无人机携带引导线飞越特高压导线后降落，检修人员用特制工器具将软梯系在引导线一端，同时拉动另一端引导线，即可将绝缘软梯由地面拉至特高压导线并可靠固定。

接着，作业人员由地面爬向等电位，用“无人机配合绝缘软梯进入等电位”

的方法，顺利完成了进入了±1100kV 等电位。图 3－24 为无人机降落后，通过引导线完成绝缘软梯的架设；图 3－25 为作业人员沿软梯使用电位转移棒进入等电位的瞬间。

图 3－24　无人机降落后，通过引导线完成绝缘软梯的架设

图 3－25　作业人员沿软梯使用电位转移棒进入等电位的瞬间

本 章 小 结

本章首先完成了±1100kV 带电作业人员处于不同作业位置时的表面电场强度的仿真，获得了带电作业处于地电位、横担位置、进入等电位过程和等电

位位置时电场强度的分布及其最大值。其中带电作业人员在塔窗内导线上，其手部最大电场强度可达 2155.8kV/m，在塔窗外导线上，其手部最大电场强度为 1975.0kV/m。

根据仿真结果，对屏蔽服基本参数、屏蔽服材料和屏蔽服屏蔽效率进行了研究，首次获得了适用于±1100kV 带电作业的成套屏蔽服，屏蔽效率满足现有标准的要求。测量了进入±1100kV 特高压直流输电线路导线等电位的拉弧距离约为 0.2m，且瞬时最大幅值可达到 150A 左右，最高可能达到 190A，因此需要使用电位转移棒等措施减小接触电流或避免电弧灼伤。同时带电作业人员在进入等电位过程中，必须快完成进入动作，防止多次拉弧造成电弧灼伤。

最后，在国网特高压直流试验基地试验线段，通过侧面塔身摆入等电位和无人机配合由地面进入等电位两种方法顺利完成了±1100kV 带电作业模拟试验。相关试验证明了±1100kV 直流特高压带电作业屏蔽防护研究成果的有效性和可行性，为±1100kV 特高压直流带电作业的开展提供了有力的理论和实践支撑。

第四章 ±1100kV直流特高压线路带电作业主要工器具研制

第一节 ±1100kV线路相关参数与绝缘子串组装类型

昌吉—古泉±1100kV特高压直流输电线路工程，导线采用8×LGJ–1250/100（70）型钢芯铝绞线，相导线采用八分裂正八边形布置，分裂间距取550mm，用间隔棒固定。悬垂绝缘子主要采用840、550、420、300kN。

第二节 带电作业常规项目与工具研制规划

输电线路带电作业类型主要分为四类：绝缘子类、导地线类、金具类和附属设施类。常规项目包括更换绝缘子、修补导线以及更换防振锤和间隔棒等，±1100kV特高压直流输电线路带电作业常规项目与之相同。修补导线以及更换防振锤和间隔棒作业，作业人员可采用塔上吊篮法（直线塔）或沿绝缘子串（耐张塔）进入等电位进行作业，不需要荷载转移工具。因此，本章主要研制更换绝缘子串或单片绝缘子的工器具，根据±1100kV线路导线的悬挂方式和绝缘子串的组装图，初步拟定±1100kV特高压直流输电线路带电作业常规项目的作业工具为：

（1）开展更换耐张串单片绝缘子项目的工器具研制工作。

（2）开展更换直线“V”和“L”串整串复合绝缘子项目的工器具研制工作。

（3）开展更换导线“V”形跳线串整串复合绝缘子项目的工器具研制工作。

第三节　常规项目的作业方法与工具配置规划

一、更换 840kN 耐张单片绝缘子

1. 作业方法

采用沿耐张绝缘子串“跨二短三”进入等电位的作业方式。

2. 研制工具

（1）横担端卡具（横担端翻板卡）配闭式卡前卡，用于更换横担端第一片绝缘子，横担端翻板卡的支点为直角挂板（Z－84180）。

（2）闭式卡（包括前卡和后卡），用于更换绝缘子串中间任何一片绝缘子。

（3）导线端卡具（翻板卡）配闭式卡后卡，用于更换导线端第一片绝缘子，翻板卡的支点为双联碗头（WS－84170）。

3. 作业步骤简述

（1）利用 840kN 四联耐张绝缘子串的端部金具或绝缘子钢帽做支点，分别安装绝缘子横担侧端部卡、导线侧端部卡、闭式卡的前卡和后卡，然后连接紧线装置，可用于更换耐张水平绝缘子串任意单片绝缘子。

（2）通过与端部卡和闭式卡的组合实现单片绝缘子的更换。利用机械丝杆预收紧，当承力系统适当受力时使用液压系统收紧导线转移耐张绝缘子张力进行绝缘子串更换检修。

二、更换 550kN 六联耐张串单片绝缘子

1. 作业方法

采用沿耐张绝缘子串“跨二短三”进入等电位的作业方式。

2. 研制工具

（1）横担端卡具（横担端卡）配闭式卡前卡，用于更换横担端第一片绝缘子，横担端卡的支点为直角挂板（Z－55150）。

（2）闭式卡（包括前卡和后卡），用于更换绝缘子串中间任何一片绝缘子。

（3）导线端卡具（导线端卡）配闭式卡后卡，用于更换导线端第一片绝缘子，导线端卡的支点为双联碗头（WS－55140）。

3. 作业步骤简述

（1）利用550kN六联耐张绝缘子串的端部金具或绝缘子钢帽做支点，分别安装绝缘子横担侧端部卡、导线侧端部卡、闭式卡的前卡和后卡，然后连接紧线装置，可用于更换耐张水平绝缘子串任意单片绝缘子。

（2）通过与端部卡和闭式卡的组合实现单片绝缘子的更换。利用机械丝杆预收紧，当承力系统适当受力时使用液压系统收紧导线转移耐张绝缘子张力进行绝缘子串更换检修。

三、更换550、420kN复合绝缘子L形三串更换复合绝缘子串

1. 作业方法

等电位与地电位。

2. 研制工具

两线提线器。

3. 作业步骤简述

（1）利用横担端两个施工抱板孔，各挂U形环作为链条葫芦上挂点。

（2）把链条葫芦钩在两线提线器上，提线器的两钩各挂一根导线。

（3）通过链条葫芦组成荷重转系统将绝缘子串荷重转移到工具上后，作业人员摘开合成绝缘子两端连接金具，地面人员启动牵引机械将绝缘子串放落至预先安装好的插板上或地面上进行更换。

四、更换550／420／300kN复合绝缘子V形双串更换复合绝缘子串

1. 作业方法

等电位与地电位。

2. 研制工具

角钢固定器、铝合金大刀卡。

3. 作业步骤简述

（1）利用横担端塔材主角钢、挂点附近做横担侧角钢固定器的悬挂位置。

（2）利用导线端挂点处的 L－110J－320/800－70、Z－110220 做大刀卡工具支点，分别安装 V 串上卡和下卡大刀卡。

（3）通过角钢固定器和大刀卡与机械丝杆或液压丝杠、高强度拉板组成荷重转系统将绝缘子串荷重转移到工具上后，作业人员摘开合成绝缘子两端连接金具，地面人员启动牵引机械将绝缘子串放落至预先安装好的插板上或地面上进行更换。

五、更换 160kN 跳线 V 形串复合绝缘子

1. 作业方法

等电位与地电位。

2. 研制工具

跳线串卡。

3. 作业步骤简述

（1）利用横担端施工抱板孔挂绝缘拉棒为挂点。

（2）利用调整机械丝杠挂跳线串卡，跳线串卡挂在重锤装置上。

（3）通过调整机械丝杠组成荷重转系统将绝缘子串荷重转移到工具上后，作业人员摘开合成绝缘子两端连接金具，地面人员启动牵引机械将绝缘子串放落至预先安装好的插板上或地面上进行更换。

第四节　卡具设计的主要技术条件

一、工具设计气象条件组合

组合气象条件是带电作业工具机械设计的主要依据，合理选择气象条件

组合，可提高工具的通用性，降低工具的重量。我国现行标准 GB/T 18037—2008《带电作业工具基本技术要求与设计导则》中规定带电作业工具机械设计一般按照表 4－1 中的三类组合气象条件进行设计，特殊地区根据具体情况另行组合。

表 4－1　　带电作业工具机械设计气象条件组合

气象区域	最低气温（℃）	最大风速（m/s）
Ⅰ	－25	10
Ⅱ	－15	10
Ⅲ	－5	10

根据冬季正常气候以及气候对作业的影响，选用Ⅱ类气象，即 $T=-15$℃，$v=10$m/s，作为工具的机械强度设计气象条件，其与导线安装工况组合气象条件相同。

二、工具额定设计荷重及相关技术要求

关于卡具的额定设计荷重，我国最新颁布的电力行业标准 DL/T 463—2020《带电作业用绝缘子卡具》规定取绝缘子级别（破坏负荷）的百分数加固定的常数，即

$$P = P_0 \times 25\% + 5 \tag{4-1}$$

式中　P——卡具的额定荷重，kN；

P_0——适用的绝缘子或金具级别，kN。

（一）更换 840kN 六联耐张串单片闭式卡、端部卡

840kN 绝缘子，取参考值 840kN，根据式（4－1）得出：P（卡具额定荷重）＝840kN × 0.25+5＝215kN；所以 840kN 闭式卡额定荷重为 215kN。

耐张卡工作位置横担端 Z－84180（直角挂板）破坏载荷 840kN，取参考值 840kN，导线端 WS－84170（双联碗头）破坏载荷 840kN，取参考值 840kN。根据式（4－1）得出：P（卡具额定荷重）＝840kN × 0.25+5＝215kN，所以 840kN 四联耐张卡额定荷重为 215kN。

（二）更换 550kN 六联耐张串单片卡具

耐张卡工作位置横担端 Z－55150（直角挂板）破坏载荷 550kN，取参考值 550kN，导线端 WS－55140（双联碗头）破坏载荷 550kN，取参考值 550kN，根据式（4－1）得出：P（卡具额定荷重）＝550kN ×0.25+5＝142.5kN。所以 550kN 六联耐张串额定荷重取整为 150kN。

（三）更换 550、420kN 复合绝缘子 L 形三串复合绝缘子两线器

1100kV 昌吉线线路导线为 1250 导线，导线单根自重 4253.9kg/km，线路挡距有 700、800、900m 不等，按最大挡距取 900m，线路单根导线自重 4253.9kg×最大挡距 0.9km＝3828.51kg，出于不确定因素（如风速等）考虑取 1.5 倍安全系数，3828.51kg×1.5＝5742.76kg（单根导线重量），根据 DL/T 463—2020《带电作业用绝缘子卡具》，卡具额定荷重规定得出：P（卡具额定荷重）＝5742.76kg×2（两根导线）＝11485.52kg＝112.55kN+5kN＝117.55kN。所以两线导线提线器额定荷重取整为 120kN。

（四）更换 550/420/300kN 复合绝缘子 V 形双串整串复合绝缘子大刀卡

±1100kV 大刀卡适用于 550/420/300kN 级别绝缘子，这里取最大 550kN 绝缘子为参考系，工作负荷取整为 80kN。

（五）更换 160kN 跳线 V 型整串复合绝缘子卡具

±1100kV 昌吉线线路跳线串，跳线串全部金具合计自重 2619～2979kg，按最大自重 2979kg，出于不确定因素考虑（因不拆除绝缘子）故取 1.25 倍安全系数；所以 P（卡具额定荷重）=2979kg×1.25＝3723.75kg＝36.49kN＋5kN＝41.49kN，所以跳线串卡额定荷重取整为 50kN。

（六）紧线器的设计

紧线器是更换绝缘子工具将绝缘子荷重转移时的收紧装置。因液压系统存在保压不稳定、漏油的问题，紧线卡整体结构采用“液压缸”传动的双向系统传动装置双向传动紧线器。液压缸技术条件：拉力为 120（80）kN；行程为 300mm；缸头、缸筒材料为 LC4；要求安全、可靠、体积小、重量轻，不渗漏。

（七）工具安全系数

带电作业金属工具设计的安全系数一般是指工具零件或构件所用材料的失效应力与设计应力的比值。由于大多数结构钢和铝合金等塑性材料的应力–应变曲线有明显的屈服，塑性材料制成的零件或构件的失效应力为屈服极限，而铸铁和高强钢等脆性材料的应力–应变曲线没有明显的屈服，故脆性材料制成的零件或构件的失效应力为强度极限。

在工具强度设计中，安全系数的选择较为复杂，很大程度上是根据设计经验来确定。如果安全系数选择的大，则工具笨重，操作不方便，相反安全系数选择的小，工具又不安全。在以往带电作业工具设计中通常采用的工具安全系数不小于 3。考虑到±1100kV 特高压直流输电线路带电作业工具的工作条件、材料性能以及型式试验条件等因素，取安全系数不小于 2.5，破坏系数不小于 3。

（八）工具的技术条件

根据上述的设计条件，确定±1100kV 特高压直流输电线路带电作业工具的主要技术参数，见表 4–2。

表 4–2　　带电作业工具的主要技术参数　　kN

卡具名称	设计额定荷重	动态试验荷重	静态试验荷重	破坏试验荷重
840kN 绝缘子闭式卡	215	322.5	537.5	645
横担端部卡				
导线端部卡				
12t 紧线器	120	180	300	360
550kN 绝缘子闭式卡	150	225	375	450
横担端部卡				
导线端部卡				
大刀卡	80	120	200	240
两线提线器	120	180	300	360
V 形跳线串卡	50	75	125	150

（九）试验要求

（1）机械试验按卡具实际受力状态布置，分别进行动、静状态下的整体抗拉及破坏性试验，试验应在合格的拉力试验机上进行。

（2）试验时，除卡具外其他零件变形或损坏，应更换新零件继续进行试验。

（3）动态荷重试验：卡具按实际工作状态布置，在表4－2中所列的动态试验荷重作用下进行3次操作，各零件无变形、损伤，操作应灵活可靠、无卡阻的为合格。

（4）静态荷重试验：卡具按实际工作状态布置，在表4－2中所列的静态试验荷重作用下持续5min，各零件无永久变形及损伤者为合格。

（5）破坏荷重试验：试件（卡具）在拉力试验荷重达到表4－2中的静态试验荷重值后，应继续缓慢加载（9.8MPa/s 拉力增加值），直至试件任何一处破坏为止，破坏荷重值不应小于表4－2规定的破坏荷重。

第五节　带电作业金属卡具的设计

一、主要结构及尺寸确定

（一）闭式卡具长度尺寸的确定

闭式卡具长度尺寸是根据绝缘子的最大伞裙盘径来确定的，双牵引卡具的长度可由式（4－2）计算。

$$L = D + d_0 + 2s \tag{4-2}$$

式中　L——卡具长度，mm；

D——绝缘子最大伞裙盘径，mm；

d_0——丝杆组件最大外径，mm；

s——绝缘子伞裙外沿至卡具的间隙，mm。

840kN闭式卡具，绝缘子连接高度为290mm，瓷裙最大盘径为430mm；丝杆组件中液压缸阀体最大外径为120mm；单边间隙考虑15mm，则卡具长度为580mm。550kN闭式卡具，绝缘子连接高度为255（220）mm，瓷裙最大盘径为420（400）mm。

（二）直线卡具长度尺寸的确定

直线卡具长度尺寸是根据±1100kV 特高压直流输电线路实际金具的外形结构尺寸来确定的。

（1）L 形单串卡具的长度由绝缘子最大伞裙盘径、丝杆组件最大外径和绝缘子伞裙外沿至卡具的间隙等尺寸组合确定，卡具长度为 650mm。

（2）V 形双串用的大刀卡的长度由金具及绝缘子伞裙盘径、丝杆组件最大外径、绝缘子伞裙外沿至卡具的间隙等尺寸组合确定，卡具长度为 650mm。

二、关键技术

对更换绝缘子工具的基本要求是通过对工具结构的优化及工具材料的优选，使工具的结构合理，整体强度要高、质量要轻、工作要可靠。围绕基本要求，主要解决以下 5 个关键问题。

（一）卡具主体材料的优选

卡具型式及工作负荷确定后，进一步需要确定的就是卡具主体的材质。目前可供选择的卡具主体材质及机械性能见表 4－3。

表 4－3　　几种材料机械性能比较

材料	抗拉强度σ_b（MPa）	屈服强度σ_s（MPa）	密度 P（kg/m^3）
45	610	360	7.8
40Cr	980	780	8.1
Ly12	390	295	2.85
LC4	490	412	2.85
TC4	902	824	4.55
TC9	1059	—	4.55

从表 4－3 中可见：40Cr、LC4、TC4 三种材料的机械强度都较高，如选用铝合金 LC4 材料，虽然材料密度较小，但其力学性能（抗拉强度和屈服强度）较钢材 40Cr 和钛合金 TC4 小得多，差了 1 倍左右，对于大吨位卡具，做成的卡具外形尺寸较大，整体重量反而较大，使用时需要较大的安装空间。

对于钢材 40Cr 及钛合金 TC4，二者力学性能很接近，40Cr 的密度比 TC4 高 1.8 倍，因此 40Cr 材料不可取。

钛合金 TC4 密度比铝合金 LC4 大 1.6 倍，但力学强度为铝合金的 2 倍多，做成的卡具除长度尺寸外，其他外形尺寸均比铝合金卡具小一半，对于大吨位卡具，整体重量反比铝合金卡具轻，另外由于外形尺寸小，使用时需要的安装空间小，操作也相对较为方便。

另外对于新型纤维增强复合材料，尽管其材质轻、强度高，尤其拉伸强度高于 45 号钢（见表 4－4），但其机械性能各向异性，材质是非均匀的，其断裂伸长较小，横向强度及层间剪切强度低，在大载荷应用场合尚不如 45 号钢，目前尚未应用于输电线路带电作业工具研制中。

表 4－4　　几种复合材料机械性能比较

性能	玻璃钢	碳纤维Ⅱ/环氧	碳纤维Ⅱ/环氧
拉伸强度 σ_b（MPa）	1060	1070	1500
密度（kg/m³）	2.0	1.6	1.45

通过对比研究，综合考虑最终确定选用钛合金 TC4 来加工 840kN 和 550kN 绝缘子闭式卡具主体，其余吨位较小的卡具用铝合金 LC4 加工。

（二）钛合金材料的性能特点

钛是同素异构体，熔点 1720℃，882℃为同素异构转变温度。α–Ti 是低温稳定结构，呈密排六方晶格；β–Ti 是高温稳定结构，呈体心立方晶格。不同类型的钛合金，就是在这两种不同组织结构中添加不同种类、不同数量的合金元素，使其改变相变温度和相分含量而得到的。室温下钛合金有三种基体组织（α、β、α＋β），故钛合金也相应分为三类。

TC4，它由 α 及 β 两相组成，α 相为主，β 相少于 30%。此合金组织稳定，高温变形性能好，韧性和塑性好，能通过淬火与时效作用使合金强化，热处理后强度可比退火状态提高 50%～100%，高温强度高，可在 400～500℃下长期工作，热稳定性稍逊于 α 钛合金。

钛合金材料性能的主要特点。

1. 比强度高

钛合金的密度仅为钢的 60%左右，但强度却高于钢，比强度（强度/密度）是现代工程金属结构材料中最高的。

2. 热强性好

往钛合金中加入合金强化元素后，大大提高了钛合金的热稳定性和高温强度，如在 300～350℃下，其强度为铝合金强度的 3～4 倍。

3. 耐蚀性好

钛合金表面能生成致密坚固的氧化膜，故耐蚀性能比不锈钢还好。如不锈钢制作的反应器导管在 19%HCi+10mg/L NaOH 条件下使用只能用 5 个月，而钛合金的则可用 8 年之久。

4. 化学活性大

钛的化学活性大，能与空气中的氧、氢、氮、一氧化碳、二氧化碳、水蒸气、氨气等产生强烈化学反应，生成硬化层或脆性层，使得脆性加大，塑性下降。

5. 导热性能差、弹性模量小

钛合金的导热系数仅为钢的 1/7、铝的 1/14；弹性模量为钢的 1/2，钢性差、变形大，不宜制作细长杆和薄壁件。

（三）常规传动系统的改进

±1100kV 线路采用 840kN 绝缘子，导线机械荷重大，高空作业费力。因此，在大机械荷载下传动系统仍以液压机构为宜，但由于常规液压机构均为单向行程丝杠，缺点是施工完毕后卸载时冲击力较大，带来一定的不安全因素，所以研制一种卸载时缓慢卸载，避免高空作业人员的不安全因素，是常规传动系统所不具有的功能。

另外，液压缸密封技术，首次应用航空新技术，采用间隙密封+密封圈密封，解决油渗漏问题，既保持了液压传动省力的特点，又避免了密封圈的老化问题。

（四）缩小液压系统的体积，控制工具整体质量

由于卡具的工作负荷比较大，要把液压系统做得体积小、质量又要轻是比较困难的，需要解决许多技术的问题。在研制过程中，我们主要解决了以下两个关键问题：

（1）柱塞泵的小型化问题。工作缸的进口压力确定以后，柱塞泵体积对减轻工具整体重量影响很大。通过两次设计改进，将外油路改进为内油路，把柱塞泵作为一个支座，柱塞泵与缸体、储油罐直接相连，省去了其间的连接装置。这样，不仅有效地利用支座的空间，而且有效地缩小了柱塞泵的体积，减轻了

工具的质量。

（2）液压系统整体优化问题。柱塞泵的小型化问题解决后，对整套液压系统利用三维模型进行了整体优化，根据强度要求，将多余敷料通通祛除，从而大大地减轻了动力油源系统的质量。

（五）钛合金材料加工工艺

研究结果表明，钛合金的硬度大于 300HBS 或 350HBS 都难进行切削加工，但困难的原因并不在于硬度方面，而在于钛合金本身的力学、化学、物理性能间的综合影响，故表现有下列切削加工特点：

1. 变形系数小

变形系数小是钛合金切削加工的显著特点，甚至小于 1。原因有三点：① 钛合金的塑性小（尤其在切削加工中），切屑收缩也小；② 导热系数小，在高的切削温度下引起钛的 α 向 β 转变，而 β 钛体积大，引起切屑增长；③ 在高温下，钛屑吸收了周围介质中的氧、氢、氮等气体而脆化，丧失塑性，切屑不再收缩，使得变形减小。

2. 切削力

在三向切削分力中，主切削力 F_c 比 45 号钢的小，背向力 F_p 则比切 45 号钢大 20%左右，但切削力的大小并非是钛合金难加工的主要原因。

3. 切削温度高

切削钛合金时，切削温度比相同条件下切削其他材料高 1 倍以上，且温度最高处就在切削刀具附近狭小区域内。原因在于钛合金的导热系数小，刀与屑接触长度短（仅为 45 号钢的 50%～60%）。

4. 切屑形态

钛合金的切屑呈典型的锯齿挤裂状，成因可能是钛的化学活性大，在高温下易与大气中的氧、氮、氢等发生强烈化学反应，生成 TiO_2、TiN、TiH 等硬脆层。在生成挤裂切屑的过程中，在剪切区产生塑性变形，切削刃处的应力集中就使得切削力变大。然而，龟裂进入塑性变形部分，引起剪切变形，应力释放又使切削力变小。挤裂屑的生成过程会重复引起切削力的动态变化，伴随一次剪切变形就会出现一次切削力变化，这与切削奥氏体不锈钢情况非常类似。当 v_c=200m/min 时，伴随挤裂屑现象产生的振动频率约在 15kHz 左右，切削

Ti 合金的振动频率会更高。生成硬脆层的加工表面会产生局部的应力集中，从而降低疲劳硬度。据资料表明，这种硬脆层厚度为 0.1～0.15mm，其硬度比基体高出 50%，疲劳强度降低 10%左右。

5. *刀具的磨损特性*

切削钛合金时，由于切削热量多、切削温度高且集中切削附近，故月牙凹会很快发展为切削刃的破损。切削合金钢时，随 v_c 的提高，在距离切削刃处一定位置会产生月牙凹磨损。

6. *黏刀现象严重*

黏刀现象严重是由于钛的化学亲和性大，加之切屑的高温高压作用。切削时易产生严重的黏刀现象，从而造成刀具的黏结磨损。

由于上述原因，在此次加工钛合金卡具时，经过多次试加工，结果都很不理想，最终选择用线切割的方法进行加工。如图 4－1 所示，用线切割的方法进行加工，形成的零件表面比较光整，加工过的表面其金相组织没有变化，其力学性能得到了充分的保证。同时，由于 840kN 绝缘子钢帽很大，卡具的型腔和悬式绝缘子钢帽要准确配合，车加工很困难，为此专绘制了悬式绝缘子钢帽的剖面图纸，并加工了专用的成型刀具。用这样的刀具车制的卡具型腔与悬式绝缘子钢帽配合非常准确，在大载荷情况下能保障卡具的强度。

另外，这次试制任务全是小批量或是单件加工，需投入大量的二类、三类专用工装。这类工装是保证卡具精度不可或缺的，也作了相应地改进。

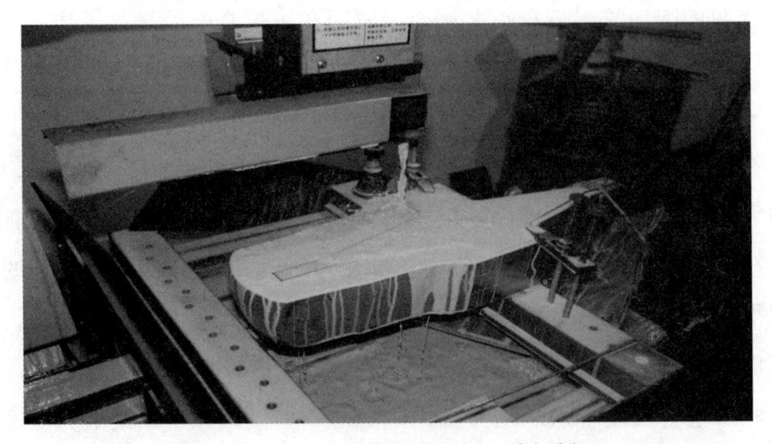

图 4－1　钛合金卡具加工现场（线切割）

第六节　带电作业金属工具研制结果

一、更换 840kN 耐张单片绝缘子卡具

更换 840kN 耐张单片绝缘子卡具的相关示意图、实物照片如图 4－2～图 4－5 所示。

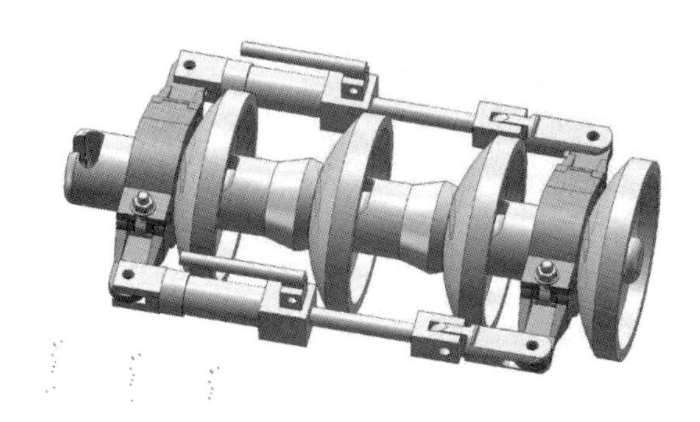

图 4－2　更换 840kN 耐张单片绝缘子闭式卡示意图

图 4－3　更换 840kN 耐张单片绝缘子闭式卡实物照片

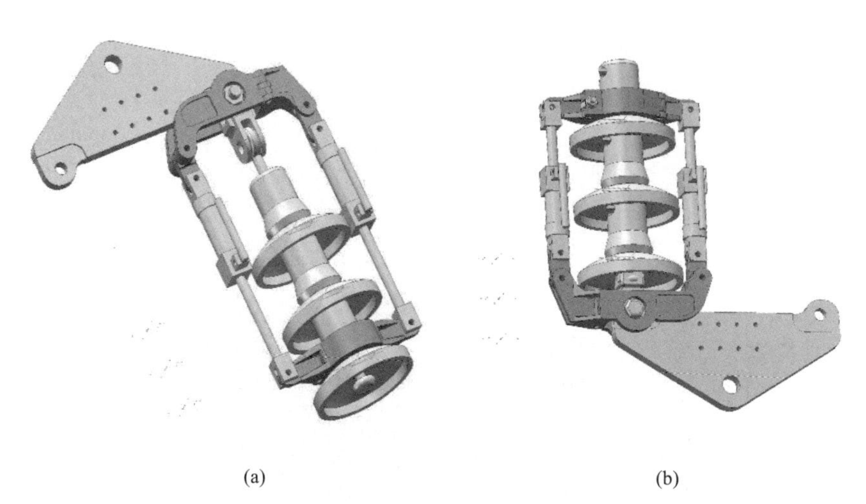

(a)　　(b)

图 4－4　更换 840kN 耐张单片绝缘子端部卡组装示意图

（a）横担端——更换横担侧第 1 片绝缘子；（b）导线端——更换导线侧第 1 片绝缘子

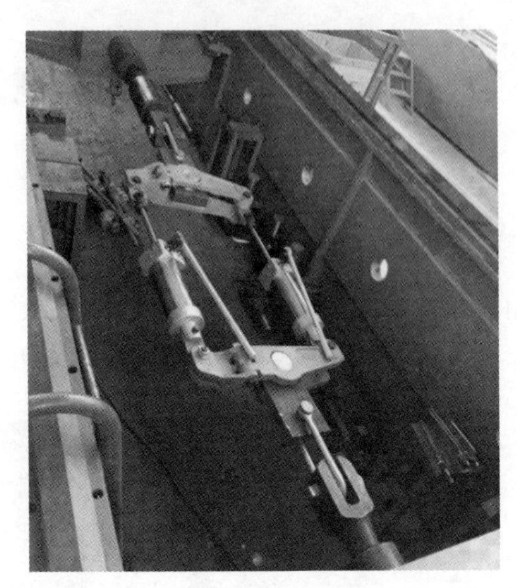

图 4－5　更换 840kN 耐张单片绝缘子端部卡实物照片

二、更换 550kN 耐张单片绝缘子卡具

更换 550kN 耐张单片绝缘子卡具的相关实物照片、组装示意图如图 4－6～图 4－8 所示。

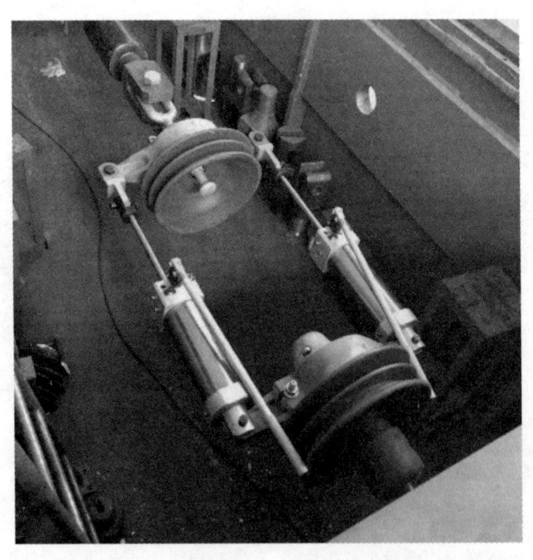

图 4－6　更换 550kN 耐张单片绝缘子闭式卡实物照片

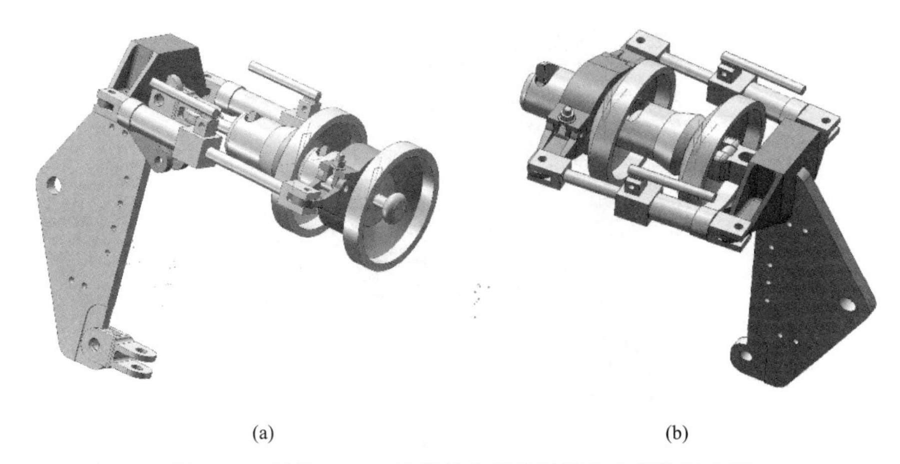

(a)　　(b)

图 4-7　更换 550kN 耐张单片绝缘子端部卡组装示意图

（a）横担端——更换横担侧第 1 片绝缘子；（b）导线端——更换导线侧第 1 片绝缘子

图 4-8　更换 550kN 耐张单片绝缘子端部卡组实物照片

三、更换 550、420kN 复合绝缘子 L 形三串复合绝缘子两线器

更换 550、420kN 复合绝缘子 L 形三串复合绝缘子两线器的实物照片如图 4-9 所示。

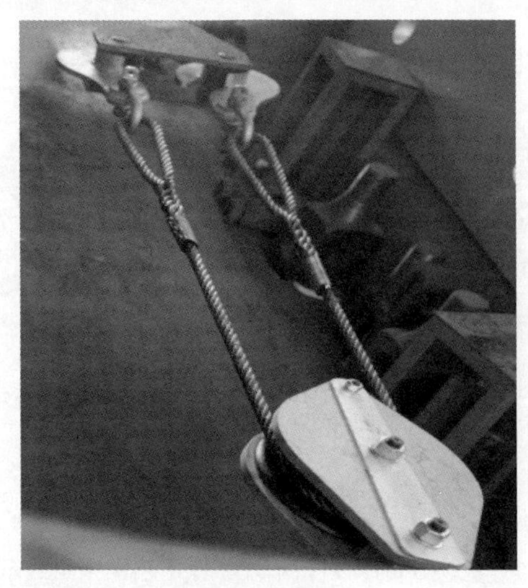

图 4－9　更换 550、420kN 复合绝缘子 L 形三串复合绝缘子两线器实物照片

四、更换 550/420/300kN 复合绝缘子 V 形双串整串复合绝缘子大刀卡

更换 550/420/300kN 复合绝缘子 V 形双串整串复合绝缘子大刀卡的相关实物照片如图 4－10 所示。

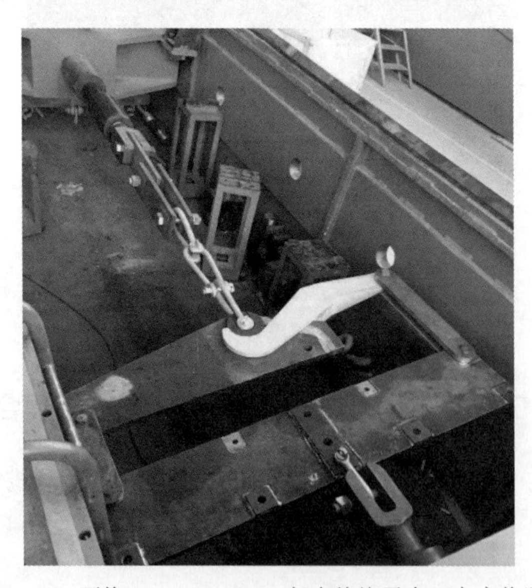

图 4－10　更换 550/420/300kN 复合绝缘子大刀卡实物照片

五、更换 160kN 跳线 V 形整串复合绝缘子卡具

更换 160kN 跳线 V 形整串复合绝缘子卡具实物照片如图 4－11 所示。

图 4－11　更换 160kN 跳线 V 形整串复合绝缘子卡具实物照片

第七节　大吨位绝缘工器具研制

一、大吨位硬质绝缘工具

（一）基本参数

基于河南段±1100kV 特高压直流输电线路实际情况，确定大吨位绝缘拉吊工具的基本技术参数见表 4－5。

表 4-5　　绝缘拉吊工具基本技术参数

项目	参数
电压等级	±1100kV
工具材料	防潮填充泡沫环氧绝缘管材/TC4 材质端头/60Si_2Mn 材质连接螺栓
额定负荷	150kN
安全系数	K_p=2.5
直径及厚度	ϕ32×8mm

（二）基本结构

绝缘拉棒基本结构为多节结构，其中耐张绝缘拉棒采用多节组成，中间节与节之间采用螺纹连接，如图 4-12 所示。需要说明的是，常规拉棒绝缘材料采用ϕ44×10mm，单位质量 2311g/m；新研制拉棒采用ϕ32×8mm，单位质量 1296g/m。每米可减轻重量 1kg，10m 的拉棒可减轻 10kg。

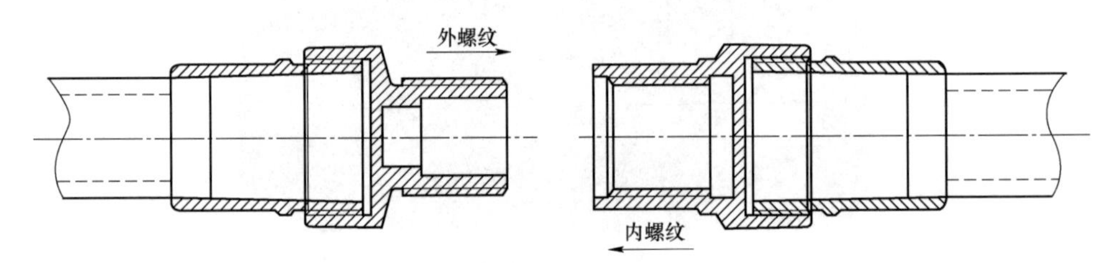

图 4-12　绝缘拉棒接头结构

（三）材料的选择

绝缘拉棒主要由端部金属附件、泡沫填充绝缘管材组成。本项目选用的绝缘拉吊工具采用挤拉缠绕一体成型工艺，这种工艺生产出的绝缘材料具有抗拉强度、抗扭强度、抗弯强度高，绝缘性能佳的特点。

1. 端部金属附件材料

常规拉棒接头采用 40Cr，新研制拉棒接头采用 TC4，同时达到 150kN 的额定荷载，一个 TC4 接头比 40Cr 接头轻 0.7kg，一副 10m 的拉棒（含 6 个接头）可减轻 4.2kg。

2. 采用高性能的泡沫填充绝缘管

采用具有抗脆性、耐高温的改性脱模剂玻璃纤维增强环氧树脂棒。芯棒材

料中的玻璃纤维 B_2O_3 含量在 0.15%以下，属于无硼玻璃纤维，该玻璃纤维有很高的拉伸强度，约为普通钢的 1.4～2 倍，为上釉高强瓷试条的 5 倍左右，还具有良好的减振性、抗蠕变性及抗疲劳断裂性。更重要的是它具有优良的抗脆断性能。泡沫填充绝缘管材料主要性能见表 4－6。

表 4－6　泡沫填充绝缘管材料主要技术性能指标

序号	性能名称	性能指标	实测性能
1	拉伸强度，kgf	80kg/mm^2	1400
2	染料渗透试验，渗透时间 min	≥15	符合要求
3	水扩散试验	0.1%NaCl 水溶液沸煮 100h 后，再施加 1min 12kV 电压，不击穿，不闪络，泄漏电流≤1mA（rms）	泄漏电流＜35μA（rms）
4	应力腐蚀试验	1mol/l HNO_3，0.67STL，维持 96h 不发生断裂	符合要求
5	体积电阻率，Ωm	施加电压+6kV，140℃×96h，≥1×10^{10}	＞1.0×10^{11}
6	直流击穿电压（试样长 10mm），kV	＞50	90.4～100kV
7	雷电冲击电压耐受试验	试样长 10mm，施加电压+100kV，每个试品施加电压 5 次，不击穿，不闪络	符合要求

二、大吨位软质绝缘工具

目前超/特高压输电线路带电作业用于提线的工器具绝缘承力部分一般采用硬质绝缘工具，包括绝缘拉杆、拉棒等。硬质绝缘工具具有强度高、低伸长率的优点，但硬质绝缘工具尺寸、重量较大，实际作业中携带、传递均不方便，塔上作业人员劳动强度大。而目前带电作业软质绝缘工具如绝缘绳、绝缘软梯等的机械强度低、伸长率大，线路塔窗间隙相对较小，提线工具伸长率过大致使作业中安全距离不易控制，因此尚未采用绝缘绳作为提线工具的绝缘承力部分。为保证作业安全，同时减轻作业人员的劳动强度，提高工作效率，有必要研制新型大吨位的软质提线绝缘工具。

（一）材料性能

芳纶纤维是全芳香族聚酰胺纤维（aromatic polyamide fiber）的通称。它是

20 世纪六七十年代由美国杜邦（Dupont）公司率先研制开发的一种合成纤维。根据化学结构不同，芳纶纤维可分为以高强度、高弹性模量为主要特征的对位芳纶和以高强度、耐热性、绝缘性为主要特征的间位芳纶，以及近年来国内研制的杂环芳纶。

芳纶纤维为新型大吨位软质绝缘拉棒所用的基础材料，是一种新型高科技合成纤维，具有超高强度、高模量和耐高温、耐酸耐碱、质量轻、绝缘、抗老化、生命周期长等优良性能，广泛应用于复合材料、防弹制品、建材、特种防护服装等领域。在芳纶材料基本性能的基础上，国外高科技材料企业通过改性研究，加强了芳纶纤维在绝缘、强度、抗紫外等方面的性能。

目前主要有三大类芳纶纤维：对位芳纶、间位芳纶和杂环芳纶，其相关产品类别及主要特性见表 4-7。

表 4-7　芳纶纤维的产品类别及主要特性

型号	制造商	密度（g/cm^3）	拉伸强度（GPa）	拉伸模量（GPa）	断裂伸长率（%）
芳纶Ⅰ	中国	1.46	2.8～3.4	15～16	1.8～2.2
芳纶Ⅱ		1.44	2.6～3.3	9～12	2～3.2
芳纶Ⅲ		1.43	4.5	130	3.2～4.1
Nomex	美国杜邦	1.38	0.66	17.4	22
Kevlar 29		1.44	2.8	69	3.6
Kevlar 129		1.44	3.3	94	3.3
Kevlar 149		1.47	2.4	165	1.3
Conex	日本帝人	1.38	0.6	—	35
Twaron CT		1.44	2.9	90	3.3
Twaron HM		1.45	2.9	121	2.1
Technora		1.39	3.3	72	4.6
Armos	俄罗斯	1.45	4.4～5.2	142～147	3.5～4.0
SVM		1.42～1.43	3.1～4.1	122～132	3.5～4.5
Rusar C		1.46	5.2	153	2.6
Rusar HT		1.47	5	172	2.6

三类芳纶纤维各有各的优势和应用领域。间位芳纶的突出优点是耐温性好、难燃烧、耐化学腐蚀等。主要用于制作隔热手套、耐温绝缘材料、消防服等。对位芳纶的突出特点是高强度、高模量、密度小等，无论在航空航天、军事等特殊领域，还是在体育用品、造船业、汽车制造等民用领域都有广泛的应用，是目前芳纶纤维中应用最多最重要的品种。杂环芳纶是芳纶中一个新品种，其综合性能要高于对位芳纶，目前价格昂贵，产量较少，应用领域相对较小，但具有广阔的发展前景，是未来芳纶发展的方向。目前，芳纶纤维的应用形式多种多样，除了最常用的芳纶增强树脂基复合材料，还有广泛用于防护的芳纶织物，用于电气绝缘和蜂窝结构领域的芳纶纸等。

（二）编制工艺和连接技术

（1）选用高强度高模量比的纤维，主要包含 PBO 纤维和芳纶纤维。

（2）确定纤维的大小（单位为 d），拉力数据。

（3）根据所需拉棒的拉力强度确定纤维的数量。

（4）根据纤维的大小合股、分筒，根据所需的长度制作成单股。

（5）制作成软质拉棒的内芯需要十二股编制而成，利用十二股合股机制作成软质拉棒的内芯。

（6）将内芯经过防潮处理。

（7）根据所需的长度手工插制成扣环。

（8）利用特质的防潮蚕丝线通过 32 锭包套机编织外套。

（9）手工插制包套线接头处。

（10）特质钛合金防割连接件与软质拉棒连接，防割连接件与软质拉棒连接处采用高强度铝合金制成轮状，直径达到 100mm，有效地防止大吨位对拉棒的切割，侧板采用 TC4 高强度钛合金板，保证吨位的情况下大大减轻了质量，连接的螺栓采用 12.8 级特高强度制作而成，可满足吨位的需求，螺栓直径 30mm，可直接与施工孔及特质联板连接。

制作成品后的绝缘拉棒伸长率不大于 2.5%，根据±1100kV 直流特高压线路吨位要求最大使用荷载 150kN，按照 3 倍的安全系数，破断达到 450kN，芳纶软质拉棒的直径采用 28mm，PBO 软质拉棒的直径采用 25mm，防割连接金具采用高强度钛合金材料，每个质量 2.5kg，每根软质拉棒配 2 个防割连接金具，使之符合带电作业需求，尤其是满足特高压带电作业相关性能要求，并符合特高压工器具材料的国家标准和行业标准。

（三）机械性能试验

绝缘承力吊带机械性能试验参照 GB/T 13035—2008《带电作业用绝缘绳索》中断裂强度及伸长率试验进行。

承力吊带试品放置于强度试验机两夹具之间，注意防止试样打滑或在夹口处断裂。启动强度试验机，当拉力值达到承力吊带测量张力值时停止拉伸，量取试样中部 500mm 长的一段距离，并在两端做好标记。再次启动强度试验机，以 300mm/min 的速度拉伸至吊带断裂强度约 50%时，试验速度改为 250mm/min，继续拉伸至绳索断裂强度的 75%时，记录两标记间的距离，并计算承力吊带的伸长率，伸长率按式（4－3）计算

$$A=(L_a-L_p)/L_p \tag{4-3}$$

式中　A——伸长率；

L_a——拉力为断裂负荷规定值的 75%时的吊带长度；

L_p——拉力为测量张力时的吊带长度。

继续拉伸吊带至断裂为止，此时的试验值为吊带的断裂强度。机械试验现场照片如图 4－13 所示。

图 4－13　机械试验现场照片

（四）电气性能试验

绝缘承力吊带电气性能试验参照 GB/T 13035—2008《带电作业用绝缘绳索》中常规型绝缘绳索电气性能试验进行。电气性能试验进行工频干闪电压试

验和高湿度下交流泄漏电流试验。

由于没有吊带电气试验的专用夹具，因此吊带的电气性能试验选用由 PBO 丝线编制的绝缘绳样品进行，试样选用三根ϕ14mmPBO 绝缘绳。

工频干闪试验前，先将试样放在 50℃干燥箱里进行 1h 的烘干，然后自然冷却 5min 进行试验，工频干闪试验布置如图 4－14 所示。

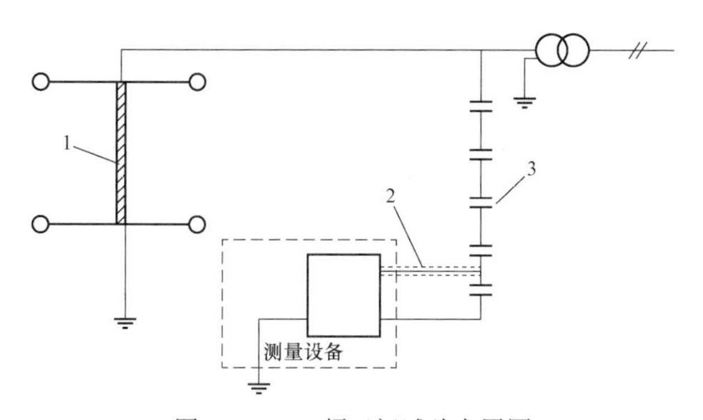

图 4－14　工频干闪试验布置图

1—试品；2—屏蔽引线；3—电容（或电阻）分压器

24h 高湿度下交流泄漏电流试验是将试品置于相对湿度 90%、温度 20℃的调温调湿箱中预处理 24h 后取出试品，进行交流泄漏电流试验，其试验布置如图 4－15 所示。

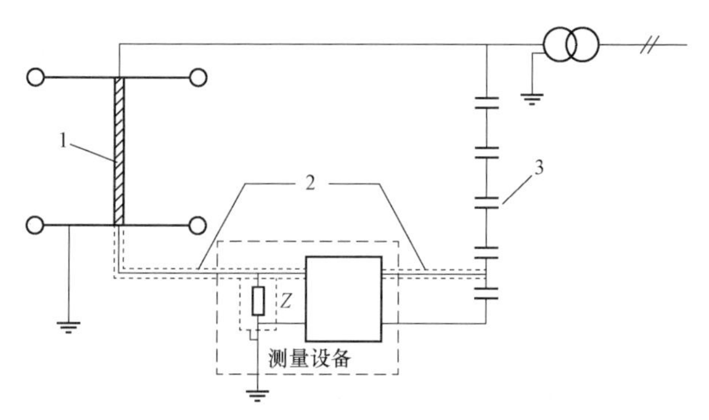

图 4－15　高湿度下交流泄漏电流试验布置图

1—试品；2—屏蔽引线；3—电容（或电阻）分压器

试验过程中，绝缘吊带的泄漏电流非常大，当施加电压升至 50kV 时，泄漏电流高达 30mA，由于泄漏电流过大，试验电压无法继续升高，没有出现闪络，交流泄漏电流不能满足带电作业要求，需要对吊带进行防潮处理。

防潮处理过程：将加工好的吊带经过 120℃烘箱烘干，再放入防水剂中浸泡 2h，取出经太阳洒干后再放入烘箱内经过 150℃烘干，180℃固定 10min，打开烘箱自然冷却。然后对防潮处理后的吊带进行工频干闪电压试验和高湿度下交流泄漏电流试验，其试验结果见表 4－8。

表 4－8　防潮处理后工频干闪电压试验高湿度下泄漏电流试验结果

试验项目	试样 1	试样 2	试样 3	平均值
工频干闪电压（kV）	196	193	198	196
高湿度下交流泄漏电流（μA）	200	252	190	214

由以上试验结果可以看出：经过防潮处理后的绝缘吊带工频干闪电压为 196kV，高湿度下交流泄漏电流为 214μA，满足 GB/T 13035—2008《带电作业用绝缘绳索》中对常规型绝缘绳索工频干闪电压不小于 170kV，高湿度下交流泄漏电流不大于 300μA 的规定。

（五）整体耐压试验

2018 年 5 月，在北京昌平区的中国电力科学研究院有限公司高压试验大厅进行了绝缘工器具的整体耐压试验。试验项目和判定依据按照 Q/GDW 11927—2018《±1100kV 直流输电线路带电作业技术导则》进行，主要包括：

（1）直流耐压试验。试品整根进行，电极间绝缘长度为 9.1m，施加直流电压 1350kV，耐压时间 3min。以无击穿、无闪络及过热为合格。

（2）操作冲击耐压试验。电极间绝缘长度为 9.1m，采用+250/2500μs 标准操作冲击波，施加电压 2100kV 共 15 次，以无一次击穿或闪络为合格。

第八节　带电作业工器具实际现场试用

2018 年 5 月，在±1100kV 昌吉—古泉线路河南段进行了现场实地模拟作业，并对大吨位工器具进行了试用，如图 4－16～图 4－18 所示。

图 4－16　登塔作业前准备

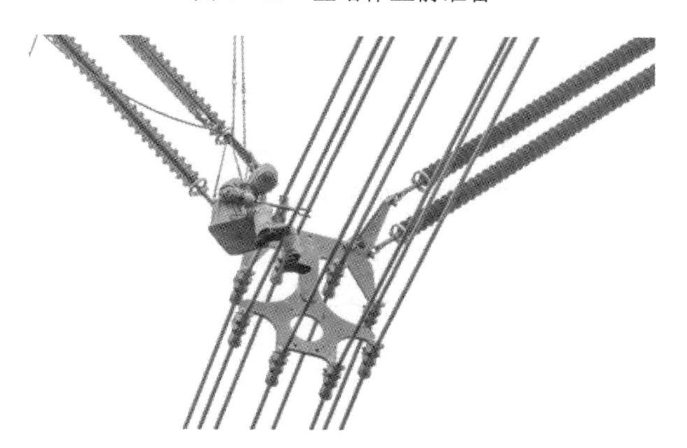

图 4－17　进入等电位

(a)

(b)

图 4－18　传递大吨位工器具及安装试用

（a）传递大吨位工器具；（b）安装试用

为进一步确保±1100kV 输电线路投运后开展带电作业的安全，在线路投运前，针对导线已经架设完毕的杆塔，严格按照带电作业操作规范，在实际现场进行模拟带电作业，主要模拟开展吊篮法进入等电位、在杆塔上试用研制的大吨位金属工器具，模拟更换 840kN 大吨位耐张单片绝缘子。从现场试用的情况来看，新研制的工器具完全满足实际使用要求，可为后续线路投运后实际开展带电作业提供有力支撑。

本 章 小 结

（1）根据昌吉—古泉±1100kV 特高压直流输电线路河南段输电杆塔导线、金具参数和绝缘子串组装类型，结合带电作业常规开展的作业项目特点，规划确定了各典型作业项目需要配置的带电作业工器具。

（2）根据带电作业金属卡具设计技术条件和实际线路参数，研究确定了更换 840、550kN 和 420kN 大吨位绝缘子的工器具技术参数，优化选定了使用钛合金作为卡具的主体材料。

（3）在研制大吨位硬质和软质绝缘工器具方面，在常规大吨位硬质拉棒的基础上进行了改进，优化了绝缘拉棒基材参数和连接接头，进一步减轻了整根硬质绝缘工器具的重量。

（4）为保证作业安全，同时减轻作业人员的劳动强度，提高工作效率，研制了新型的能代替硬质绝缘工具的大吨位软质提线绝缘工具，并且通过了相关电气及机械试验。

（5）对研制的±1100kV 线路用大吨位带电作业金属工器具、硬质绝缘工器具和软质绝缘工器具开展了试验检测，并且在实际线路现场进行了试用，试用结果表明新研制的大吨位工器具能够满足实际带电作业工作要求。

（6）结合季节特点在每年带电运行时的夏季、冬季及停电检修期间两种不同工况下的瓷质绝缘子开展红外线、紫外线跟踪检测，得到特高压直流耐张绝缘子片在不同运行工况下的红外线、紫外线检测数据。通过检测数据对比分析以及绝缘电阻测量等检测方法，对特高压直流耐张绝缘子片零值检测的可行性进行理论研究和真型试验验证。利用选取典型塔位获得的劣化绝缘子片典型红外线、紫外线图谱，探索出一种安全、高效、准确的±1100kV 直流耐张绝缘子片零值检测方法。

第五章　典型作业方法项目库的建立及作业项目工器具模块化配置

第一节　典型作业方法项目库

带电作业方式可分为地电位作业法和等电位作业法。带电作业项目按照项目类型，主要可分为绝缘子类，导、地线类，金具类，附属设施类四类。

一、绝缘子类

绝缘子类包括带电更换悬垂串单片绝缘子、带电更换悬垂整串绝缘子、带电更换耐张单片绝缘子、带电更换耐张整串绝缘子、带电检测瓷质绝缘子等。

二、导、地线类

导、地线类包括带电修补导线、带电修补地线、带电处理导线异物、带电处理地线异物。

三、金具类

金具类包括带电检修悬垂串金具、带电检修耐张串金具、带电检修耐张跳线引流板、带电检修导线间隔棒、带电检修防振锤等。

四、附属设施类

附属设施类包括带电安装或检修在线监测装置、防雷装置、防鸟装置等附属设施。

考虑±1100kV 输电线路运行过程中可能出现的缺陷情况，建立了带电作业方法项目库，对每种作业方法进行工器具的模块化配置，规范带电作业方法及工器具配置。研究确定了四大项目类型常规的作业项目见表 5－1。

表 5－1　　四大项目类型常规的作业项目统计表

序号	项目类型	作业项目	作业方法
1	绝缘子类	更换直线塔双联 L 形复合绝缘子	等电位
2		更换直线杆塔单双联 V 形复合绝缘	等电位
3		更换直线杆塔三联 V 形复合绝缘子	等电位
4		更换耐张横担侧第 1～3 片盘形绝缘子	地电位
5		更换耐张导线侧第 1～3 片盘形绝缘子	等电位
6		更换耐张绝缘子串任意单片盘形绝缘子	等电位
7		更换耐张跳线绝缘子串	等电位
8	导、地线类	修补导线	等电位
9		处理导线异物	等电位
10		修补地线	地电位
11		处理地线异物	地电位
12	金具类	检修导线间隔棒	等电位
13		检修防振锤	地电位
14		带电检修直线绝缘子串金具	等/地电位
15		带电检修耐张绝缘子串金具	等/地电位
16	附属设施类	安装或检修在线监测装置	等电位
17		安装或检修防鸟装置	地电位

第二节　作业项目工器具模块化配置

一、±1100kV 直流输电线路带电更换直线塔双联 L 形合成绝缘子

±1100kV 直流输电线路带电更换直线塔双联 L 形合成绝缘子相关工器具配备见表 5－2。

表 5-2　　　　工器具配备一览表（一）

序号	工器具名称		规格型号	数量	备注
1	绝缘工具	绝缘传递绳	TJS-ϕ14mm	3 根	视作业杆塔高度而定
2		绝缘吊篮绳	TJS-ϕ14mm	2 根	横担至导线垂直距离+操作长度
3		2-2 绝缘滑车组	—	1 套	—
4		绝缘滑车	3t	2 只	—
5		绝缘拉棒	150kN	2 套	视绝缘子串长度而定
6		绝缘绳套	10kN	6 根	—
7	金属工具	手扳葫芦	0.5t	1 个	—
8		机动绞磨	3t	1 台	—
9		吊篮	—	1 个	—
10		拔销器	—	1 个	—
11		大刀卡	—	1 个	—
12		弯板卡	—	1 个	—
13	防护用品	绝缘保护绳	TJS-ϕ14mm	1 根	防坠落保护
14		全套屏蔽服装	—	3 套	带屏蔽面罩
15		安全帽	—	14 顶	—
16		安全带	全方位	4 副	—
17	辅助安全用具	绝缘电阻表	5000V	1 块	电极宽 2cm，极间宽 2cm
18		风速湿度仪	NK4000	1 块	测量作业环境气象条件
19		万用表	VC980	1 块	测量屏蔽服连接导通用
20		防潮帆布	4m×4m	2 块	—
21		工具袋	—	1 个	装绝缘工具用

注　工器具机械及电气强度均应满足 Q/GDW 1799.2—2013《国家电网公司电力安全工作规程　线路部分》要求，周期预防性及检查性试验合格。

二、±1100kV 直流输电线路带电更换直线塔双联 V 形合成绝缘子

±1100kV 直流输电线路带电更换直线塔双联 V 形合成绝缘子相关工器具配备见表 5-3。

表 5－3　　　　工器具配备一览表（二）

序号	工器具名称		规格型号	数量	备注
1	绝缘工具	绝缘传递绳	TJS－ϕ14mm	2 根	视作业杆塔高度而定
2		绝缘吊篮绳	TJS－ϕ14mm	2 根	横担至导线垂直距离+操作长度
3		2－2 绝缘滑车组	—	1 套	—
4		绝缘滑车	3t	2 只	—
5		绝缘拉棒	150kN	4 套	视绝缘子串长度而定
6		绝缘绳套	10kN	6 根	—
7	金属工具	手扳葫芦	9t	4 个	—
8		机动绞磨	3t	1 台	—
9		吊篮	—	1 个	—
10		拔销器	—	1 个	—
11		两分裂提线器	—	4 个	—
12		U 形环	12t	4 个	—
13	防护用品	绝缘保护绳	TJS－ϕ14mm	1 根	防坠落保护
14		全套屏蔽服装	—	3 套	带屏蔽面罩
15		安全帽	—	14 顶	—
16		安全带	全方位	4 副	防坠落保护
17	辅助安全用具	绝缘电阻表	5000V	1 块	电极宽 2cm，极间宽 2cm
18		风速湿度仪	NK4000	1 块	测量作业环境气象条件
19		万用表	VC980	1 块	测量屏蔽服连接导通用
20		防潮帆布	4m×4m	2 块	—
21		工具袋	—	1 个	装绝缘工具用

注　工器具机械及电气强度均应满足 Q/GDW 1799.2—2013《国家电网公司电力安全工作规程　线路部分》要求，周期预防性及检查性试验合格。

三、±1100kV 直流输电线路带电更换直线塔三联 V 形合成绝缘子

±1100kV 直流输电线路带电更换直线塔三联 V 形合成绝缘子相关工器具配备见表 5－4。

表 5－4　　工器具配备一览表（三）

序号	工器具名称		规格型号	数量	备注
1	绝缘工具	绝缘传递绳	TJS－ϕ14mm	2 根	视作业杆塔高度而定
2		绝缘吊篮绳	TJS－ϕ14mm	2 根	横担至导线垂直距离+操作长度
3		2－2 绝缘滑车组	—	1 套	—
4		绝缘滑车	3t	2 只	—
5		绝缘拉棒	150kN	4 套	视绝缘子串长度而定
6		绝缘绳套	10kN	6 根	—
7	金属工具	手扳葫芦	9t	4 个	—
8		机动绞磨	3t	1 台	—
9		吊篮	—	1 个	—
10		拔销器	—	1 个	—
11		两分裂提线器	—	4 个	—
12		U 形环	12t	4 个	—
13	防护用品	绝缘保护绳	TJS－ϕ14mm	1 根	防坠落保护
14		全套屏蔽服装	—	3 套	带屏蔽面罩
15		安全帽	—	14 顶	—
16		安全带	全方位	4 副	—
17	辅助安全用具	绝缘电阻表	5000V	1 块	电极宽 2cm，极间宽 2cm
18		风速湿度仪	NK4000	1 块	测量作业环境气象条件
19		万用表	VC980	1 块	测量屏蔽服连接导通用
20		防潮帆布	4m×4m	2 块	—
21		工具袋	—	1 个	装绝缘工具用

注　工器具机械及电气强度均应满足 Q/GDW 1799.2—2013《国家电网公司电力安全工作规程　线路部分》要求，周期预防性及检查性试验合格。

四、±1100kV 直流输电线路带电更换耐张横担侧 1～3 片绝缘子

±1100kV 直流输电线路带电更换耐张横担侧 1～3 片绝缘子相关工器具配备见表 5－5。

表 5-5　　工器具配备一览表（四）

序号	工器具名称		规格型号	数量	备注
1	绝缘工具	绝缘传递绳	SCJS-ϕ14mm	2 根	160m
2		绝缘绳套	SCJS-ϕ20mm	2 根	—
3		绝缘滑车	1t	2 只	—
4		绝缘保护绳	SCJS-ϕ16mm	1 根	14m
5		旋转起吊支架	—	1 个	—
6	金属工具	绝缘子后端卡具	—	1 个	—
7		横担侧金具卡具	—	1 个	—
8	防护用品	全套屏蔽服	—	3 套	—
9		安全帽	—	10 顶	—
10		安全带及绝缘二防绳	全方位	3 副	—
11	辅助安全用具	防潮帆布桶	ϕ600mm × 800mm	1 个	装绝缘绳用
12		万用表	VC980 型	1 个	测量屏蔽服连接导通用
13		风速湿度仪	NK4000	1 个	测量作业环境气象条件
14		绝缘电阻表及测试电极	5000V	1 套	—
15		红外测温仪	P65	1 台	—
16		绝缘传递绳	SCJS-ϕ14mm	1 根	—

注　工器具机械及电气强度均应满足 Q/GDW 1799.2—2013《国家电网公司电力安全工作规程　线路部分》要求，周期预防性及检查性试验合格。

五、±1100kV 直流输电线路带电更换耐张导线侧 1～3 片绝缘子

±1100kV 直流输电线路带电更换耐张导线侧 1～3 片绝缘子相关工器具配备见表 5-6。

表 5-6　　工器具配备一览表（五）

序号	工器具名称		规格型号	数量	备注
1	绝缘工具	绝缘传递绳	SCJS-ϕ14mm	2 根	160m
2		绝缘绳套	SCJS-ϕ20mm	2 根	—
3		绝缘滑车	1t	2 只	—

续表

序号	工器具名称		规格型号	数量	备注
4	绝缘工具	绝缘保护绳	SCJS－ϕ16mm	1 根	14m
5		旋转起吊支架	—	1 个	—
6	金属工具	绝缘子后端卡具	—	1 个	—
7		导线侧金具卡具	—	1 个	—
8	防护用品	全套屏蔽服	—	3 套	—
9		安全帽	—	10 顶	—
10		安全带及绝缘二防绳	全方位	3 副	—
11	辅助安全用具	防潮帆布	3m × 3m	2 块	
12		防潮帆布桶	ϕ600mm × 800mm	1 个	装绝缘绳用
13		万用表	VC980 型	1 个	测量屏蔽服连接导通用
14		风速湿度仪	NK4000	1 个	测量作业环境气象条件
15		绝缘电阻表及测试电极	5000V	1 套	—
16		红外测温仪	P65	1 台	—
17		绝缘传递绳	SCJS－ϕ14mm	2 根	160m

注　工器具机械及电气强度均应满足 Q/GDW 1799.2—2013《国家电网公司电力安全工作规程　线路部分》要求，周期预防性及检查性试验合格。

六、±1100kV 直流输电线路带电更换耐张绝缘子串任意单片绝缘子

±1100kV 直流输电线路带电更换耐张绝缘子串任意单片绝缘子相关工器具配备见表 5－7。

表 5－7　　　　工器具配备一览表（六）

序号	工器具名称		规格型号	数量	备注
1	绝缘工具	绝缘传递绳	SCJS－ϕ14mm	2 根	160m
2		绝缘绳套	SCJS－ϕ20mm	2 根	—
3		绝缘滑车	1t	2 只	—
4		绝缘保护绳	SCJS－ϕ16mm	2 根	14m
5		旋转起吊支架	—	1 个	—
6	金属工具	金属挂环	1t	6 个	—

续表

序号	工器具名称		规格型号	数量	备注
7	金属工具	闭式卡具	NGK550	1 套	—
8	防护用品	安全帽	—	14 顶	—
9		全套屏蔽服	—	3 套	—
10		安全带及绝缘二防绳	全方位	4 副	—
11	辅助安全用具	防潮帆布	3m × 3m	2 块	—
12		防潮帆布桶	ϕ600mm × 800mm	1 个	装绝缘绳用
13		手持工具	—	3 套	—
14		万用表	VC980	1 个	测量屏蔽服连接导通用
15		风速湿度仪	NK4000	1 个	测量作业环境气象条件
16		绝缘电阻表	5000V	1 套	极宽 2cm，极间距 2cm
17		红外测温仪	P65	1 台	—

注　工器具机械及电气强度均应满足 Q/GDW 1799.2—2013《国家电网公司电力安全工作规程　线路部分》要求，周期预防性及检查性试验合格。

七、±1100kV 直流输电线路带电更换耐张跳线绝缘子串

±1100kV 直流输电线路带电更换耐张跳线绝缘子串相关工器具配备见表 5–8。

表 5–8　　　　工器具配备一览表（七）

序号	工器具名称		规格型号	数量	备注
1	绝缘工具	绝缘传递绳	SCJS – ϕ20mm	1 根	适塔高选择
2		绝缘传递绳	SCJS – ϕ16mm	1 根	适塔高选择
3		绝缘绳套	SCJS – ϕ24mm	4 根	—
4		绝缘滑车	1t	3 只	—
5		绝缘拉棒	5t	2 套	—
6		控制绳、吊绳	—	1 套	—
7		2 – 2 绝缘滑车组	2t	1 套	—
8	金属工具	提线器	—	2 套	—
9		卡具、丝杠	—	2 套	—
10		吊篮	—	1 个	—

续表

序号	工器具名称		规格型号	数量	备注
11	防护用品	全套屏蔽服	—	3 套	—
12		安全带	全方位	3 副	—
13		安全帽	—	10 顶	—
14	辅助安全用具	万用表	VC980	1 个	测量屏蔽服连接导通用
15		风速湿度仪	NK4000	1 个	测量作业环境气象条件
16		绝缘电阻表	5000V	1 套	电极宽 2cm，极间距 2cm
17		防潮帆布	4m×4m	2 块	—
18		工具袋	—	1 个	装绝缘工具用

注　工器具机械及电气强度均应满足 Q/GDW 1799.2—2013《国家电网公司电力安全工作规程　线路部分》要求，周期预防性及检查性试验合格。

八、±1100kV 直流输电线路带电补修导线

±1100kV 直流输电线路带电补修导线相关工器具配备见表 5－9。

表 5－9　　工器具配备一览表（八）

序号	工器具名称		规格型号	数量	备注
1	绝缘工具	绝缘传递绳	TJS－ϕ14mm	2 根	长度视作业杆塔高度而定
2		绝缘吊篮绳	TJS－ϕ14mm	2 根	横担至导线垂直距离+操作长度
3		绝缘绳套	10kN	6 根	—
4		2－2 绝缘滑车组	JH10－2	1 套	进出等电位工具
5		绝缘滑车	JH10－1	2 只	长度视作业杆塔高度而定
6	金属工具	吊篮	—	1 个	进出等电位工具
7		导线修补工具	—	1 套	视导线损伤情况而定
8	防护用品	全套屏蔽服装	—	3 套	带屏蔽面罩
9		安全帽	—	10 顶	—
10		安全带	全方位	3 副	—
11	辅助安全用具	万用表	VC980 型	1 个	测量屏蔽服连接导通用
12		风速湿度仪	NK4000	1 个	测量作业环境气象条件

续表

序号	工器具名称		规格型号	数量	备注
13	辅助安全用具	绝缘电阻表	5000V	1套	电极宽 2cm，极间距 2cm
14		防潮帆布	4m×4m	2块	—
15		工具袋	—	2个	装绝缘工具用
16		帆布桶	—	2个	—

注　工器具机械及电气强度均应满足 Q/GDW 1799.2—2013《国家电网公司电力安全工作规程　线路部分》要求，周期预防性及检查性试验合格。

九、±1100kV 直流输电线路带电处理导线异物

±1100kV 直流输电线路带电处理导线异物相关工器具配备见表 5－10。

表 5－10　　　　工器具配备一览表（九）

序号	工器具名称		规格型号	数量	备注
1	绝缘工具	绝缘传递绳	TJS－ϕ14mm	2根	长度视作业杆塔高度而定
2		绝缘吊篮绳	TJS－ϕ14mm	2根	横担至导线垂直距离+操作长度
3		绝缘绳套	10kN	6根	—
4		2－2 绝缘滑车组	JH10－2	1套	进出等电位工具
5		绝缘滑车	JH10－1	2只	长度视作业杆塔高度而定
6	金属工具	吊篮	—	1个	进出等电位工具
7		处理异物工具	—	1套	视情况而定
8	防护用品	全套屏蔽服装	—	3套	带屏蔽面罩
9		安全帽	—	10顶	—
10		安全带	全方位	3副	—
11	辅助安全用具	万用表	VC980 型	1个	测量屏蔽服连接导通用
12		风速湿度仪	NK4000	1个	测量作业环境气象条件
13		绝缘电阻表	5000V	1套	电极宽 2cm，极间距 2cm
14		防潮帆布	4m×4m	2块	—
15		工具袋	—	2个	装绝缘工具用
16		帆布桶	—	2个	—

注　工器具机械及电气强度均应满足 Q/GDW 1799.2—2013《国家电网公司电力安全工作规程　线路部分》要求，周期预防性及检查性试验合格。

十、±1100kV 直流输电线路带电补修架空地线

±1100kV 直流输电线路带电补修架空地线相关工器具配备见表 5－11。

表 5－11　　工器具配备一览表（十）

序号	工器具名称		规格型号	数量	备注
1	绝缘工具	绝缘传递绳	TJS－ϕ14mm	2 根	视作业杆塔高度而定
2		绝缘滑车	JH10－1	2 只	—
3		绝缘绳套	10kN	2 根	—
4	金属工具	地线飞车	—	1 个	—
5		地线补修工具	—	1 套	—
6		金属挂环	10kN	4 个	—
7		地线接地线	—	2 根	—
8	防护用品	绝缘保护绳	TJS－ϕ14mm	2 根	防坠落保护
9		全套屏蔽服装	—	2 套	带屏蔽面罩
10		安全帽	—	7 顶	—
11		安全带	全方位	2 副	—
12	辅助安全用具	绝缘电阻表	5000V	1 块	电极宽 2cm，极间宽 2cm
13		风速温湿风向仪	NK4000	1 块	测量作业环境气象条件
14		万用表	VC980 型	1 块	测量屏蔽服装连接导通用
15		防潮帆布	4m×4m	2 块	—
16		工具袋	—	1 个	装绝缘工具用

注　工器具机械及电气强度均应满足 Q/GDW 1799.2—2013《国家电网公司电力安全工作规程　线路部分》要求，周期预防性及检查性试验合格。

十一、±1100kV 直流输电线路带电处理地线异物

±1100kV 直流输电线路带电处理地线异物相关工器具配备见表 5－12。

表 5－12　　　　工器具配备一览表（十一）

序号	工器具名称		规格型号	数量	备注
1	绝缘工具	绝缘传递绳	TJS－ϕ14mm	2 根	视作业杆塔高度而定
2		绝缘滑车	1t	2 只	—
3		绝缘绳套	SCJS－ϕ20mm	2 根	—
4	金属工具	地线接地线	—	2 根	—
5		地线飞车	—	1 个	—
6		金属挂环	—	2 个	—
7	防护用品	绝缘保护绳	TJS－ϕ14mm	2 根	防坠落保护
8		全套屏蔽服	—	2 套	带屏蔽面罩
9		安全帽	—	7 顶	—
10		安全带	全方位	2 副	—
11	辅助安全用具	绝缘电阻表	5000V	1 块	电极宽 2cm，极间宽 2cm
12		风速湿度仪	NK4000	1 块	测量作业环境气象条件
13		万用表	VC980	1 块	测量屏蔽服连接导通用
14		防潮帆布	4m×4m	2 块	—
15		工具袋	—	4 个	装绝缘工具用

注　工器具机械及电气强度均应满足 Q/GDW 1799.2—2013《国家电网公司电力安全工作规程　线路部分》要求，周期预防性及检查性试验合格。

十二、±1100kV 直流输电线路带电检修导线间隔棒

±1100kV 直流输电线路带电检修导线间隔棒相关工器具配备见表 5－13。

表 5－13　　　　工器具配备一览表（十二）

序号	工器具名称		规格型号	数量	备注
1	绝缘工具	绝缘传递绳	TJS－ϕ14mm	2 根	视作业杆塔高度而定
2		绝缘吊篮绳	TJS－ϕ14mm	2 根	视作业杆塔高度而定
3		2－2 绝缘滑车组	JH20－2	1 套	—
4		绝缘滑车	JH10－1	2 只	—
5		绝缘绳套	10kN	6 根	—
6	金属工具	间隔棒专用扳手	—	1 把	—
7		吊篮	—	1 个	—

续表

序号	工器具名称		规格型号	数量	备注
8	防护用品	全套屏蔽服	—	3 套	带屏蔽面罩
9		安全带	全方位	2 副	—
10		安全帽	—	9 顶	—
11		绝缘保护绳	TJS－ϕ14	5 根	防坠落保护
12	辅助安全用具	万用表	VC980	1 个	测量屏蔽服连接导通用
13		风速湿度仪	NK4000	1 个	测量作业环境气象条件
14		绝缘电阻表	5000V	1 套	电极宽 2cm，极间距 2cm
15		防潮帆布	4m×4m	2 块	—
16		工具袋	—	1 个	装绝工具用

注 工器具机械及电气强度均应满足 Q/GDW 1799.2—2013《国家电网公司电力安全工作规程　线路部分》要求，周期预防性及检查性试验合格。

十三、±1100kV 直流输电线路带电检修导线防振锤

±1100kV 直流输电线路带电检修导线防振锤相关工器具配备见表 5－14。

表 5－14　　工器具配备一览表（十三）

序号	工器具名称		规格型号	数量	备注
1	绝缘工具	绝缘传递绳	TJS－ϕ14mm	2 根	视作业杆塔高度而定
2		绝缘吊篮绳	TJS－ϕ14mm	2 根	视作业杆塔高度而定
3		2－2 绝缘滑车组	JH20－2	1 套	—
4		绝缘滑车	JH10－1	2 只	—
5		绝缘绳套	10kN	6 根	—
6	金属工具	间隔棒专用扳手	—	1 把	—
7		吊篮	—	1 个	—
8	防护用品	全套屏蔽服	—	3 套	带屏蔽面罩
9		安全带	全方位	2 副	—
10		安全帽	—	9 顶	—
11		绝缘保护绳	TJS－ϕ14	5 根	防坠落保护

续表

序号	工器具名称		规格型号	数量	备注
12	辅助安全用具	万用表	VC980	1个	测量屏蔽服连接导通用
13		风速湿度仪	NK4000	1个	测量作业环境气象条件
14		绝缘电阻表	5000V	1套	电极宽2cm，极间距2cm
15		防潮帆布	4m×4m	1块	—
16		工具袋	—	1个	装绝工具用

注　工器具机械及电气强度均应满足Q/GDW 1799.2—2013《国家电网公司电力安全工作规程　线路部分》要求，周期预防性及检查性试验合格。

十四、±1100kV直流输电线路带电检修直线绝缘子串金具

±1100kV直流输电线路带电检修直线绝缘子串金具相关工器具配备见表5-15。

表5-15　　　　工器具配备一览表（十四）

序号	工器具名称		规格型号	数量	备注
1	绝缘工具	绝缘传递绳	TJS-ϕ14mm	1根	长度视作业杆塔高度而定
2		绝缘吊篮绳	TJS-ϕ14mm	1根	横担至导线垂直距离+操作长度
3		绝缘绳套	10kN	3根	—
4		2-2绝缘滑车组	JH10-2	2套	进出等电位工具
5		绝缘滑车	JH10-1	4只	长度视作业杆塔高度而定
6	金属工具	吊篮	—	1个	进出等电位工具
7		导线线夹提升器	—	1套	视情况而定
8	防护用品	全套屏蔽服装	—	3套	带屏蔽面罩
9		安全帽	—	11顶	—
10		安全带	全方位	3副	—
11	辅助安全用具	万用表	VC980型	1个	测量屏蔽服连接导通用
12		风速湿度仪	NK4000	1个	测量作业环境气象条件
13		绝缘电阻表	5000V	1套	电极宽2cm，极间距2cm
14		防潮帆布	4m×4m	2块	—
15		工具袋	—	2个	装绝缘工具用
16		帆布桶	—	2个	—

注　工器具机械及电气强度均应满足Q/GDW 1799.2—2013《国家电网公司电力安全工作规程　线路部分》要求，周期预防性及检查性试验合格。

十五、±1100kV 直流输电线路带电检修耐张绝缘子串金具

±1100kV 直流输电线路带电检修耐张绝缘子串金具相关工器具配备见表 5－16。

表 5－16　　工器具配备一览表（十五）

序号	工器具名称		规格型号	数量	备注
1	绝缘工具	绝缘传递绳	TJS－ϕ14mm	2 根	视作业杆塔高度而定
2		绝缘吊篮绳	TJS－ϕ14mm	2 根	视作业杆塔高度而定
3		2－2 绝缘滑车组	JH20－2	1 套	—
4		绝缘滑车	JH10－1	2 只	—
5		绝缘绳套	1t	6 根	—
6	金属工具	专用扳手	—	1 把	—
7		吊篮	—	1 个	—
8	防护用品	全套屏蔽服	—	3 套	带屏蔽面罩
9		安全带	全方位	2 副	—
10		安全帽	—	10 顶	—
11		绝缘保护绳	TJS－ϕ14mm	5 根	防坠落保护
12	辅助安全用具	万用表	VC980	1 个	测量屏蔽服连接导通用
13		风速湿度仪	NK4000	1 个	测量作业环境气象条件
14		绝缘电阻表	5000V	1 套	电极宽 2cm，极间距 2cm
15		防潮帆布	4m×4m	2 块	—
16		工具袋	—	1 个	装绝工具用

注　工器具机械及电气强度均应满足 Q/GDW 1799.2—2013《国家电网公司电力安全工作规程　线路部分》要求，周期预防性及检查性试验合格。

十六、±1100kV 直流输电线路带电安装在线监测装置

±1100kV 直流输电线路带电安装在线监测装置相关工器具配备见表 5－17。

表 5－17　　工器具配备一览表（十六）

序号	工器具名称		规格型号	数量	备注
1	绝缘工具	绝缘传递绳	TJS－ϕ14mm	2 根	长度视作业杆塔高度而定
2		绝缘吊篮绳	TJS－ϕ14mm	2 根	横担至导线垂直距离+操作长度
3		绝缘绳套	10kN	6 根	—
4		2－2 绝缘滑车组	JH10－2	1 套	进出等电位工具
5		绝缘滑车	JH10－1	2 只	长度视作业杆塔高度而定
6	金属工具	吊篮	—	1 个	进出等电位工具
7		手持工具	—	2 套	视情况而定
8	防护用品	全套屏蔽服装	—	3 套	带屏蔽面罩
9		安全帽	—	10 顶	—
10		安全带	全方位	3 副	—
11	辅助安全用具	万用表	VC980 型	1 个	测量屏蔽服连接导通用
12		风速湿度仪	NK4000	1 个	测量作业环境气象条件
13		绝缘电阻表	5000V	1 套	电极宽 2cm，极间距 2cm
14		防潮帆布	4m×4m	2 块	—
15		工具袋	—	2 个	装绝缘工具用
16		帆布桶	—	2 个	—

注　工器具机械及电气强度均应满足 Q/GDW 1799.2—2013《国家电网公司电力安全工作规程　线路部分》要求，周期预防性及检查性试验合格。

十七、±1100kV 直流输电线路带电安装或检修防鸟装置

±1100kV 直流输电线路带电安装或检修防鸟装置相关工器具配备见表 5－18。

表 5－18　　工器具配备一览表（十七）

序号	工器具名称		规格型号	数量	备注
1	绝缘工具	绝缘传递绳	TJS－ϕ14mm	2 根	视作业杆塔高度而定
2		绝缘吊篮绳	TJS－ϕ14mm	2 根	视作业杆塔高度而定
3		2－2 绝缘滑车组	JH20－2	1 套	—
4		绝缘滑车	JH10－1	2 只	—
5		绝缘绳套	1t	6 把	—

续表

序号	工器具名称		规格型号	数量	备注
6	金属工具	专用扳手	—	1 把	—
7		吊篮	—	1 个	—
8	防护用品	全套屏蔽服	—	3 套	—
9		安全带	全方位	2 副	—
10		安全帽	—	10 顶	—
11		绝缘保护绳	TJS－ϕ14	5 根	防坠落保护
12	辅助安全用具	万用表	VC980	1 个	测量屏蔽服连接导通用
13		风速湿度仪	NK4000	1 个	测量作业环境气象条件
14		绝缘电阻表	5000V	1 套	电极宽 2cm，极间距 2cm
15		防潮帆布	4m × 4m	2 块	—
16		工具袋	—	1 个	装绝工具用

注　工器具机械及电气强度均应满足 Q/GDW 1799.2—2013《国家电网公司电力安全工作规程　线路部分》要求，周期预防性及检查性试验合格。

第六章　带电作业技术方案及作业指导书

紧密结合±1100kV 吉泉线杆塔电气间隙、绝缘子及金具零部件组装的主要设计特点，遵守 Q/GDW 11927—2018《±1100kV 直流输电线路带电作业技术导则》提出的安全距离及安全防护技术要求。通过在±1100kV 吉泉线典型杆塔现场实际模拟演练，验证、优化技术方案操作方法，与中国电力科学研究院有限公司联合研制±1100kV 屏蔽服，于 2018 年 5 月 26 日在国家电网有限公司特高压直流试验基地直流试验线段实际进入±1100kV 等电位实操，验证安全防护措施，针对安全防护、作业专用工器具、作业操作流程、作业人员实操演练，开展系统研究。通过科技项目执行的规范化管理，保障了方案及系列作业指导书编制的科学性、严谨性。综合以上工作成果，国网河南省电力公司检修公司结合±1100kV 吉泉线实际情况，编制了《±1100kV 架空输电线路带电作业技术方案》1 项、作业指导书 17 项，见表 6－1，并通过国家电网有限公司专家组评审。具体作业指导书格式见附录 A～附录 D。

表 6－1　　　　±1100kV 架空输电线路作业指导书

序号	电压等级（kV）	项目名称	设备类别	作业方式
1	±1100	带电更换耐张绝缘子串任意单片绝缘子	直流输电线路	等电位
2	±1100	带电更换耐张横担侧第 1～3 片绝缘子	直流输电线路	等电位
3	±1100	带电更换耐张绝缘子串导线侧第 1～3 片绝缘子	直流输电线路	等电位
4	±1100	带电更换耐张跳线绝缘子串	直流输电线路	等电位
5	±1100	带电更换直线塔双联 V 形合成绝缘子	直流输电线路	等电位
6	±1100	带电更换直线塔三联 V 形合成绝缘子	直流输电线路	等电位
7	±1100	带电更换直线塔双联 L 形合成绝缘子	直流输电线路	等电位

续表

序号	电压等级（kV）	项目名称	设备类别	作业方式
8	±1100	带电补修导线	直流输电线路	等电位
9	±1100	带电处理导线异物	直流输电线路	等电位
10	±1100	带电补修架空地线	直流输电线路	飞车法
11	±1100	带电处理地线异物	直流输电线路	飞车法
12	±1100	带电检修导线间隔棒	直流输电线路	等电位
13	±1100	带电检修导线防振锤	直流输电线路	等电位
14	±1100	带电检修直线绝缘子串金具	直流输电线路	等电位
15	±1100	带电检修耐张绝缘子串金具	直流输电线路	等电位
16	±1100	安装或检修在线监测装置	直流输电线路	等电位
17	±1100	安装或检修防鸟装置	直流输电线路	等电位

第一节　组　织　措　施

一、带电作业前

应根据工作任务组织相关人员进行必要的现场勘察，查阅相关数据和资料，以便正确地制定作业方法和相应的安全措施，确定所使用工具、材料的规格和型号。

（1）现场勘察内容有：查看现场施工（检修）作业需要停电的范围，保留的带电部位和作业现场的条件、环境及其他危险点等。

（2）根据现场勘查结果，对危险性、复杂性和困难程度较大的作业项目，应编制组织措施、技术措施、安全措施，经本单位批准后执行。

二、填写带电作业工作票

（1）填写带电作业工作票要求按 Q/GDW 1799.2—2013《国家电网公司电力安全工作规程　线路部分》的规定进行。

（2）带电作业工作票签发人、工作负责人和专职监护人除具备 Q/GDW 1799.2—2013《国家电网公司电力安全工作规程　线路部分》规定的基本条件外，还应具备：

1）工作票签发人必须具有实际操作经验，了解带电作业项目的操作步骤，保证作业安全和事故预防措施。工作票签发人由本单位总工程师或主管领导批准。

2）工作负责人和专职监护人应熟悉特高压直流输电线路，由具有一定的组织能力和事故处理能力人员担任。工作负责人和专职监护人应由本单位总工程师或主管领导批准。

（3）工作票所列人员的安全责任按《电力线路安全工作规程》规定执行。

三、带电作业必须设专职监护人

对复杂的工作和高杆塔上的工作，在杆塔（或构架）上还应增设高空监护人。

四、带电作业中工作间断时

带电作业中工作间断时对使用中的工器具应固定牢靠并派人看守现场，恢复工作时，应派人详细检查各项安全措施，确认安全可靠，方可开始工作。当天气突然变化（如雷雨、暴风等），应立即暂停工作，如此时设备不能及时恢复，工作人员必须撤离现场，并与调度取得联系，采取强迫停电措施。

五、工作转移或结束

工作转移或结束应拆除所有工器具并仔细检查，使被检修的设备、现场恢复正常。

六、工作结束后

工作负责人应向当值值班员（或调度）汇报。

第二节　技　术　措　施

一、带电作业应停止作业的情况

带电作业应在良好的天气条件下进行，如遇下列情况应停止作业：

（1）雨、雪、雷、雾天气。

（2）风力大于 5 级。

如必须在恶劣天气进行带电作业时，应经带电作业人员充分讨论，采取可靠措施，并经总工程师或主管领导批准后方可进行。

二、地电位作业

地电位作业时，塔上地电位作业人员与带电体间的最小安全距离应满足表 6－2 的规定。绝缘工器具的最小有效绝缘长度应满足表 6－3 的规定。

表 6－2　　地电位作业人员与带电体间的最小安全距离

过电压（标幺值）	海拔 H（m）	最小安全距离（m）
1.58	H≤500	9.4
	500＜H≤1000	9.6
	1000＜H≤1500	9.9
	1500＜H≤2000	10.1
	2000＜H≤2500	10.3
1.50	H≤500	8.7
	500＜H≤1000	9.0
	1000＜H≤1500	9.2
	1500＜H≤2000	9.4
	2000＜H≤2500	9.6

注　表中最小安全距离不包括 0.5m 的人体占位间隙。

表 6－3　　绝缘工器具的最小有效绝缘长度

过电压（标幺值）	海拔 H（m）	最小有效绝缘长度（m）
1.58	H≤500	9.0
	500＜H≤1000	9.1
	1000＜H≤1500	9.2
	1500＜H≤2000	9.3
	2000＜H≤2500	9.5

续表

过电压 （标幺值）	海拔 H （m）	最小有效绝缘长度 （m）
1.50	H≤500	8.4
	500＜H≤1000	8.6
	1000＜H≤1500	8.7
	1500＜H≤2000	8.9
	2000＜H≤2500	9.2

三、等电位作业

（1）作业人员通过绝缘工具进入高电位时，等电位作业人员与带电体和接地体之间的最小组合间隙应满足表6–4的规定。

表6–4　等电位作业人员与带电体和接地体之间的最小组合间隙

过电压 （标幺值）	海拔 H （m）	最小组合间隙 （m）
1.58	H≤500	10.2
	500＜H≤1000	10.4
	1500＜H≤2000	10.9
	2000＜H≤2500	11.2
1.50	H≤500	9.4
	500＜H≤1000	9.6
	1000＜H≤1500	9.8
	1500＜H≤2000	10.1
	2000＜H≤2500	10.4

注　表中最小组合间隙考虑了0.5m的人体占位间隙。

（2）等电位作业人员与接地体之间的最小安全距离应满足表6–5的规定。绝缘工器具最小有效绝缘长度应满足表6–3的规定。

表 6-5　　等电位作业人员与接地体之间的最小安全距离

过电压（标幺值）	海拔 H（m）	最小安全距离（m）
1.58	$H\leqslant500$	9.8
	$500<H\leqslant1000$	10.0
	$1000<H\leqslant1500$	10.2
	$1500<H\leqslant2000$	10.4
	$2000<H\leqslant2500$	10.7
1.50	$H\leqslant500$	8.7
	$500<H\leqslant1000$	9.0
	$1000<H\leqslant1500$	9.3
	$1500<H\leqslant2000$	9.6
	$2000<H\leqslant2500$	9.8

注　表中最小安全距离不包括 0.5m 的人体占位间隙。

（3）等电位作业人员与杆塔构架上作业人员传递物品应采用绝缘绳索。绝缘绳索的最小有效绝缘长度应满足表 6-3 的规定。

（4）等电位作业人员沿耐张绝缘子串进入高电位时，人体短接绝缘子片数不宜多于 4 片。耐张绝缘子串中扣除人体短接和零值绝缘子片数后，良好绝缘子最少片数应满足表 6-6 的规定。

表 6-6　　耐张绝缘子串良好绝缘子的最少片数

海拔 H（m）	良好绝缘子的总长度最小值（m）	单片绝缘子高度（mm）	良好绝缘子的最少片数
$H\leqslant500$	10.2（9.4）	195	53（49）
		205	50（46）
		240	43（40）
		280	37（34）
$500<H\leqslant1000$	10.4（9.6）	195	54（50）
		205	51（47）
		240	44（40）
		280	38（35）

续表

海拔 H（m）	良好绝缘子的总长度最小值（m）	单片绝缘子高度（mm）	良好绝缘子的最少片数
1000＜H≤1500	10.6（9.8）	195	55（51）
		205	52（48）
		240	45（41）
		280	38（35）
1500＜H≤2000	10.9（10.1）	195	56（52）
		205	54（50）
		240	46（43）
		280	39（37）
2000＜H≤2500	11.2（10.4）	195	58（54）
		205	55（52）
		240	47（44）
		280	40（38）

注　括号外为1.58（标幺值）要求值，括号内为1.50（标幺值）要求值。

四、进（出）强电场的安全要求

（1）直线塔利用吊篮或在横担上悬挂绝缘梯进出电场时，吊篮或梯子固定要牢靠，控制绳索调节要灵活，移动速度均匀、缓慢、平稳；等电位电工在吊篮或梯上所处的位置应与导线相平，使其到达导线时头部不超过均压环。

（2）在导线上悬挂绝缘软梯时，梯头应挂在单根线上；遇到下列情况的应进行验算：

1）在孤立挡距导线上。

2）在有断股导线上。

3）沿绝缘子串进出电场适用于耐张绝缘子串。

（3）等电位电工进出电场电位转移时，应遵从下述规定：等电位电工在电位转移前，应系好安全带；进行电位转移时应取得工作负责人的许可，进行电位转移操作时，动作应迅速、准确。

五、电场与电流的防护措施

（1）在杆塔（构架）上进行作业时，作业人员应正确地穿着合格的全套屏蔽服（包括帽、衣、裤、手套、导电袜、导电鞋）。必要时塔上人员应穿阻燃内衣。

（2）在带电导线上进行作业时，作业人员应正确地穿着合格的全套隔热屏蔽服（包括帽、衣、裤、手套、导电袜、导电鞋）。必要时塔上人员应穿阻燃内衣。

（3）作业中所使用的绝缘工具［包括绝缘杆、绝缘梯、绝缘拉棒（板）和绝缘绳］表面应清洁干燥，禁止使用污秽受潮的绝缘工具。

（4）在作业中用绝缘绳传递的大、长金属件，必须先行接地后才能徒手触及。

（5）在带电线路下放置的体积较大的金属物件、汽车、绝缘体上的金属件等，必须先行接地后才能徒手触及。

六、隔热防护

（1）作业人员应保持身体与高温导线 10cm 以上间距，并使用隔热防护用具，对工作范围内有可能长时间接触的高温导线进行遮蔽，以保证人体与高温导线的热隔离。隔热措施完成后，方可开始进行作业。

（2）在高温导线上进行等电位作业时，等电位作业人员宜采用手工工具对高温导线及金具进行作业，或通过隔热屏蔽服的手套间断式接触导线进行作业，避免长时间直接接触高温导线及金具。身体其他部位应与未设置热隔离的高温导线保持 10cm 以上的间距。

七、作业方式与要求

（1）地电位作业。

1）地电位作业人员必须穿戴合格全套屏蔽服。

2）进行地电位作业时，人身与带电体间的安全距离不得小于表 6－2 的规定。

3）进行地电位作业时，所使用的绝缘工具的有效长度不得小于表 6–3 的规定。

（2）等电位作业。

1）等电位作业人员应穿戴合格的全套隔热屏蔽服。

2）等电位作业人员在进出电场或在作业中需要进行电位转移时，应遵守进（出）强电场的安全要求。

3）等电位作业人员与接地体间的安全距离应不小于表 6–5 的规定。

4）等电位电工沿绝缘子串或沿绝缘梯等进出电场和作业过程中，必须加装后备保护绳。

附录A ±1100kV 直流输电线路带电更换直线塔双联V形合成绝缘子作业指导书

批　　准：＿＿＿＿＿＿　＿＿＿＿＿年＿＿＿＿＿月＿＿＿＿＿日
审　　核：＿＿＿＿＿＿　＿＿＿＿＿年＿＿＿＿＿月＿＿＿＿＿日
＿＿＿＿＿＿　＿＿＿＿＿年＿＿＿＿＿月＿＿＿＿＿日
＿＿＿＿＿＿　＿＿＿＿＿年＿＿＿＿＿月＿＿＿＿＿日
编　　写：＿＿＿＿＿＿　＿＿＿＿＿年＿＿＿＿＿月＿＿＿＿＿日
工作负责人：＿＿＿＿＿＿　＿＿＿＿＿年＿＿＿＿＿月＿＿＿＿＿日
作业日期：　年　月　日　时至　年　月　日　时

A.1 范围

本作业指导书是针对±1100kV 直流输电线路带电更换直线塔双联 V 形合成绝缘子工作编写而成，本作业指导书适用于该项工作。

A.2 引用文件

GB/T 6568—2008 《带电作业用屏蔽服装》
GB/T 13034—2008 《带电作业用绝缘滑车》
GB/T 13035—2008 《带电作业用绝缘绳索》
GB/T 18037—2008 《带电作业工具基本技术要求与设计导则》
GB/T 25726—2010 《1000kV 交流带电作业用屏蔽服装》
DL/T 664—2016 《带电设备红外诊断应用规范》
DL/T 966—2005 《送电线路带电作业技术导则》
DL/T 1242—2013 《±800kV 直流线路带电作业技术规范》
Q/GDW 1799.2—2013 《国家电网公司电力安全工作规程　线路部分》
Q/GDW 11927—2018《±1100kV 直流输电线路带电作业技术导则》
国家电网生〔2007〕751 号　关于印发《国家电网公司带电作业工作管理

规定（试行）》的通知

运检二〔2015〕31号 国网运检部关于进一步提升架空输电线路带电作业规范化水平的通知

国家电网运检〔2016〕48号 国家电网公司关于印发《重大检修管理办法（试行）》的通知

A.3 工作准备

A.3.1 准备工作安排

√	序号	内容	标 准	责任人	备注
	1	现场勘察	根据现场勘查结果，参见Q/GDW 11927—2018《±1100kV直流输电线路带电作业技术导则》的准备工作部分，主要有安全距离校验、选用工器具的受力计算等		
	2	明确作业项目及作业方法	确定作业项目为±1100kV直流输电线路带电更换直线塔双联V形合成绝缘子。采用的作业方法为等电位作业法。具体方法为作业人员乘吊篮进入强电场		
	3	确定作业人员和劳动组合	工作负责人1名，安全监护人1名，地电位作业人员2名，等电位作业人员4名，地面作业人员6名，本作业项目工作人员共计14人		
	4	学习作业指导书	工作前，组织全体工作班成员进行指导书学习，工作班成员应明确工作内容、工作流程、安全措施、工作中的危险点，并履行确认手续		
	5	确定准备作业所需物品要求	现场准备所使用的带电作业工具规格选择正确，预防性试验标签齐全，并在有效期内，经外观检查和电气检测合格。所使用的检测仪表规格正确，量程符合要求，在鉴定有效期内。所使用材料规格正确，质量符合要求		

A.3.2 人员要求

√	序号	内容	标 准	责任人	备注
	1	作业人员精神状态	作业人员应精神状态良好		
	2	工作人员的资格	（1）经医师鉴定，无妨碍工作的病症。 （2）具备必要的电气知识和带电作业技能，熟悉Q/GDW 1799.2—2013《国家电网公司电力安全工作规程 线路部分》中带电作业的相关部分，并经考试合格。具备必要的安全生产知识，会紧急救护法，特别是触电急救。持有高压线路带电检修工职业资格证书、±1100kV带电作业培训合格证和高空作业证，并经生产单位批准上岗		

A.3.3 工器具

√	序号	工器具类型	工器具名称	规格型号	单位	数量	备注
	1	绝缘工具	绝缘传递绳	TJS－ϕ14mm	根	2	视作业杆塔高度而定
	2		绝缘吊篮绳	TJS－ϕ14mm	根	2	横担至导线垂直距离+操作长度
	3		2－2 绝缘滑车组	—	套	1	—
	4		绝缘滑车	3t	只	2	—
	5		绝缘拉棒	150kN	套	4	视绝缘子串长度而定
	6		绝缘绳套	10kN	根	6	—
	7	金属工具	手扳葫芦	9t	个	4	—
	8		机动绞磨	3t	台	1	—
	9		吊篮	—	个	1	—
	10		拔销器	—	个	1	—
	11		两分裂提线器	—		4	—
	12		U 形环	12t	个	4	—
	13	防护用品	绝缘保护绳	TJS－ϕ14mm	根	1	防坠落保护
	14		全套屏蔽服装	—	套	3	带屏蔽面罩
	15		安全帽	—	顶	14	—
	16		安全带	全方位	副	4	—
	17	辅助安全用具	绝缘电阻表	5000V	块	1	电极宽 2cm，极间宽 2cm
	18		风速湿度仪	NK4000	块	1	—
	19		万用表	VC980	块	1	测量屏蔽服连接导通用
	20		防潮帆布	4m×4m	块	2	—
	21		工具袋	—	个	1	装绝缘工具用

注 工器具机械及电气强度均应满足 Q/GDW 1799.2—2013《国家电网公司电力安全工作规程 线路部分》要求，周期预防性及检查性试验合格。

A.3.4 材料

√	序号	名 称	规格型号	单位	数量	备注
	1	合成绝缘子				

A.3.5 安全风险辨识及危险点分析

√	序号	内容
	1	系统过电压（如：不办理工作票，不按要求申请退出直流再启动保护等）
	2	误登杆塔（如：不核对杆塔设备编号等）
	3	天气突变（根据季节特点注意天气变化对作业的影响）
	4	人身触电（未保持足够的安全距离、组合间隙不满足要求等）
	5	人身感电（如不正确穿戴屏蔽服、未采取静电感应防护、绝缘电阻表等仪表不正确操作引起的电击等）
	6	线路跳闸（主要指作业过程中因操作方法失误，带电作业工具选择错误、损伤、受潮、脏污，绝缘工具有效绝缘长度、各类安全距离不能满足规程要求等造成的单相接地和相间短路跳闸事故）
	7	高空坠落（主要是指不正确使用安全带、二防绳等防护用品，登高作业前不检查脚钉，塔材锈蚀等）
	8	高空落物（主要是指不正确传递工器具、没有保管好随身携带的手动工具等）
	9	作业人员身体不适、思想波动、不安全行为、技术水平能力不足等可能带来的危害或造成设备异常
	10	违章指挥、违章作业（主要是指违反安规，如在湿度超过 80%、风力大于 10m/s 等不符合作业环境时未经总工程师批准强令作业，作业指导书不履行编审批手续、不严格执行作业指导书和技术方案、违反劳动纪律和不按操作规程要求操作等）

A.3.6 安全措施

√	序号	内容
	1	本次作业为等电位作业，工作负责人在工作开始前，应与值班调度员联系，申请办理电力线路带电作业工作票，并申请停用直流再启动保护，由调度值班员履行许可手续。带电作业结束后应及时向调度值班员汇报。严禁约时停用和恢复直流再启动保护。在带电作业过程中如遇设备突然停电，作业人员应视设备仍然带电。工作负责人应尽快与调度联系，值班调度员未与工作负责人取得联系前不得强送电
	2	核对线路名称及塔号：确认工作地点正确，防止误登杆塔
	3	带电作业应在良好天气下进行。前往现场前，应注意当地气象部门的当天天气预报。到达现场后，应对作业位置气象条件做出能否进行作业的判断。相对湿度超过 80%不得进行本作业。风力大于 5 级（10m/s）时，不宜进行本作业。作业过程中，注意对天气变化的检测，如遇大风、雨雾等紧急情况，按照规程正确采取措施，保证人员和设备安全
	4	（1）现场作业人员必须穿工作服，正确佩戴安全帽等安全防护用品。 （2）等电位电工必须在衣服最外面穿全套合格的屏蔽服（包括帽、衣裤、手套、袜、鞋、面罩），且各部连接良好，屏蔽服衣裤任意两端点之间的电阻均不得大于 20Ω，屏蔽服内应穿阻燃内衣，安全帽必须戴在屏蔽服内。塔上地电位电工在衣服最外面穿全套合格的屏蔽服，各部连接良好。 （3）用绝缘绳索传递大件金属物品（包括工具、材料）时，塔上电工和地面电工应将金属物品接地后再接触，以防电击。 （4）正确使用绝缘电阻表和万用表（有不过期的合格试验标签），接线正确，防止使用中的高压电击

续表

√	序号	内　容
	5	（1）认真执行现场勘察制度。收集分析线路施工图纸资料，根据杆塔型式、塔窗尺寸、设备间距以及现场量取作业距离等选择作业方法和进入电场方式，根据工作负荷校验选择工器具机械强度，测量海拔，校验修正带电作业安全距离和绝缘工具有效绝缘长度，确保操作方法正确，工器具选型合理。 （2）带电作业工具（有不过期的合格试验标签）在运输中，带电绝缘工具应装在专用的工具袋、工具箱或专用工具车内，以防受潮和损伤。进入作业现场，应将使用的带电作业工具放置在防潮帆布上，防止绝缘工具在使用中脏污后受潮。使用前，仔细检查试验标签齐全合格，在预防性试验有效期内。确认没有损坏、受潮、变形、失灵，否则禁止使用。用干燥清洁的毛巾对绝缘工具进行清扫，并使用 5000V 绝缘电阻表进行分段绝缘检测（电极宽 2cm，极间宽 2cm）。操作绝缘工具时应戴清洁干燥的手套。 （3）塔上地电位电工与带电体的距离不得小于 9.6m。 （4）等电位电工应注意减小操作动作幅度，等电位电工与接地体的距离不得小于 9.8m。 （5）绝缘工器具有效绝缘长度不得小于 9.1m。 （6）±1100kV 直流输电线路上进行等电位作业时最小组合间隙不准小于 10.5m。 （7）等电位电工在电位转移前应得到工作负责人的许可，并系好安全带
	6	登杆塔前，应先检查根部、基础和拉线是否牢固。遇有冲刷、取土的杆塔，应先培土加固确保安全。检查登高工具有后备绳的双保险安全带（有不过期的合格试验标签）、脚钉、防坠装置等是否完整牢靠。高空作业时，正确使用防坠装置。安全带和保护绳应分挂在杆塔不同部位的牢固构件上，应防止安全带被锋利物损坏。人员在转位时，手扶的构件应牢固，且不得失去后备绳的保护。上横担进行工作前，应检查横担连接是否牢固和腐蚀情况，检查时安全带应系在牢固的构件上
	7	高处作业应使用工具袋，较大的工具应固定在牢固的构件上，不准随便乱放。上下传递物件应用绝缘绳索拴牢传递，严禁上下抛物。保管好自己携带的工器具及材料，防止高空坠物。地面电工不得站在作业处垂直下方，高空落物区不得有无关人员通行或逗留。工作场所周围应装设遮拦（围栏）和悬挂警示标志
	8	本次作业工作负责人工作期间不得直接操作。应认真担负起安全工作责任，正确安全地组织工作，工作前对工作班成员进行危险点告知，交代安全措施和技术措施，并确认每一个工作成员都已知晓，严格执行工作票所列各项措施，督促监护工作班成员遵守本作业指导书、正确使用劳动防护用品和执行现场安全措施，察看工作班成员精神状态是否良好，工作班成员变动是否合适等。工作班成员严格遵守安全规章制度、技术规程和劳动纪律，正确使用安全工器具和劳动防护用品，相互关心工作安全，并监督安全规程的执行和现场安全措施的实施。现场配备急救箱，配备急救用品
	9	严格遵守 Q/GDW 1799.2—2013《国家电网公司电力安全工作规程　线路部分》相关规定

A.3.7　作业分工

√	序号	作业内容	分组负责人	作业人员
	1	地面电工主要负责确认线路名称塔号，检查基础、杆塔是否稳固，进行作业环境、屏蔽服电阻测量，工器具外观检查，绝缘检测和组装，传递工器具及场地清理		
	2	塔上地电位电工负责塔上配合工作		
	3	等电位电工主要负责合成绝缘子的拆装		
	4	工作负责人负责整个作业项目指挥		
	5	安全监护人负责现场安全监护工作		

A.4 作业程序

A.4.1 开工

√	序号	内　　容	作业人员签字
	1	工作负责人向调度申请办理带电作业工作票，履行许可手续	
	2	作业人员列队进入工作现场，到达杆塔合适的位置	
	3	召开站班会，工作负责人明确作业内容和任务分工、进行技术交底，作业人员签字确认	
	4	作业人员铺好防潮帆布，摆放工器具，进行作业前准备工作	
	5	地面电工进行工器具的连接和检查，并进行风速湿度、绝缘绳索的检测，不合格的物品禁止使用	
	6	等电位电工和塔上电工穿戴屏蔽服，并进行连接和整套电阻检查，佩戴安全工器具（安全带、二防绳等）	
	7	准备完毕后，各作业人员向工作负责人汇报	
	8	工作负责人宣布登塔开始作业	

A.4.2 作业内容及标准

<table>
<tr><th>√</th><th>序号</th><th>作业内容</th><th colspan="3">作业步骤及标准</th><th>安全措施注意事项</th><th>责任人签字</th></tr>
<tr><td></td><td>1</td><td>确认线路名称和塔号、杆塔检查</td><td colspan="3">工作负责人确认工作地点正确，检查杆塔状况良好</td><td>预防误登杆塔，防止因塔材原因等引起高空坠落</td><td></td></tr>
<tr><td rowspan="5"></td><td rowspan="5">2</td><td rowspan="5">现场作业环境测量</td><td>测量项目</td><td>标准值</td><td>实测值</td><td rowspan="2">风力大于 5 级，湿度大于 80%时一般不宜进行带电作业</td><td rowspan="2"></td></tr>
<tr><td>风速</td><td>不宜大于 10m/s</td><td></td></tr>
<tr><td>湿度</td><td>不大于 80%</td><td></td><td></td><td></td></tr>
<tr><td>环境温度</td><td>0～38℃</td><td></td><td></td><td></td></tr>
<tr><td>海拔</td><td>海拔 500m 和 1000m 为界</td><td></td><td></td><td></td></tr>
<tr><td rowspan="3"></td><td rowspan="3">3</td><td rowspan="3">地面准备工作</td><td colspan="2">检测项目</td><td>检测结果</td><td rowspan="3">遵守安规关于带电作业工器具的使用要求。
遵守安规关于屏蔽服使用要求</td><td rowspan="3"></td></tr>
<tr><td colspan="2">带电作业工器具组装检查测试</td><td></td></tr>
<tr><td colspan="2">屏蔽服连接检查，电阻测量</td><td></td></tr>
</table>

续表

√	序号	作业内容	作业步骤及标准	安全措施注意事项	责任人签字
	4	塔上地电位电工登塔至横担，做好准备工作	（1）地电位电工、等电位电工带绝缘传递绳登塔至横担位置，打好安全带及人身保护绳，挂好传递绳。 （2）对各种安全距离进行检测。 （3）地面电工将塔上所需工具（吊篮、2－2绝缘滑车组等）传递至横担位置，地电位电工进行组装	（1）登塔或塔上转位作业时，作业人员必须双手攀抓牢固构件，且双手不得持带任何工器具。 （2）各种作业距离满足带电作业安全距离要求。 （3）进电场工具组装完毕后，进行检查试验、确认可靠	
	5	等电位电工进入电场	（1）地电位电工作业前勘察作业距离是否符合安全距离要求，并向工作负责人汇报，得到确认开工许可命令后方可进行下步工作。 （2）等电位电工在地电位电工的配合下乘坐吊篮采取荡秋千方式进入强电场等电位	（1）地电位电工与带电体的距离不得小于 9.1m。 （2）等电位电工应注意减小操作动作幅度，等电位电工与接地体的距离不得小于 9.8m。 （3）承力工具及绝缘绳索有效绝缘长度不得小于 9.5m。 （4）±800kV 直流输电线路上进行等电位作业时最小组合间隙不准小于 9.8m	
	6	更换绝缘子	（1）地电位电工配合等电位电工安装好绝缘拉棒及提线器。四名等电位作业人员同时收紧手扳葫芦至绝缘子不受力，等电位电工拆除导线侧绝缘子与导线连接，地电位电工拆除横担侧绝缘子连接。 （2）绝缘磨绳收紧，地面电工配合地电位电工使绝缘子串与横担侧脱离、磨绳缓慢放松将旧绝缘子落至地面，并将新绝缘子拉至横担。 （3）地电位电工配合等电位电工将新绝缘子安装。 （4）作业完毕后，配合拆除工器具	控制动作幅度，等电位电工与接地体保持 9.8m 以上安全距离	
	7	等电位电工退出电场	等电位电工检查各部位连接无误后，乘吊篮退出强电场	严格按照 A.3.6 安全措施第 5 项中的规定执行	
	8	人员下塔	塔上电工检查无遗留物后，向工作负责人汇报，带传递绳下塔至地面	下塔时必须双手攀抓牢固构件	
	9	清理作业现场	地面电工整理并清点所有工器具，工作负责人确认工器具齐全，清理现场	工具清理完毕，地面摆放整齐	
	10	终结工作票	作业人员向工作负责人汇报：带电更换±1100kV 直线塔双联 V 形合成绝缘子工作已结束，人员已撤离，无遗留物，可以终结工作票	确认无留遗物，现场清理完毕后方可汇报、终结工作票	

A.4.3 环境保护

√	序号	内　　容	负责人员签字
	1	废弃物回收（手套、毛巾、旧材料等）	
	2	青苗保护（作业时注意减少青苗踩踏，爱护农作物）	

A.4.4 竣工

√	序号	内　　容	负责人员签字
	1	检查试验缺陷处理质量	
	2	检查确认杆塔上无遗留物	
	3	作业现场清理完毕，作业结束	

A.4.5 消缺记录

√	序号	缺 陷 内 容	消除人员签字
	1		

A.4.6 验收总结

√	序号	作 业 总 结	
	1	验收评价	（1）人员违章情况。 （2）技术方案是否存在需要改进的地方。 （3）设备缺陷初步原因分析
	2	存在问题及处理意见	

A.4.7 指导书执行情况评估

<table>
<tr><td rowspan="4">评估内容</td><td rowspan="2">符合性</td><td>优</td><td></td><td>可操作项</td><td></td></tr>
<tr><td>良</td><td></td><td>不可操作项</td><td></td></tr>
<tr><td rowspan="2">可操作性</td><td>优</td><td></td><td>修改项</td><td></td></tr>
<tr><td>良</td><td></td><td>遗漏项</td><td></td></tr>
<tr><td>存在问题</td><td colspan="5"></td></tr>
<tr><td>改进意见</td><td colspan="5"></td></tr>
</table>

A.4.8 技术附图

附录B ±1100kV 直流输电线路带电更换耐张绝缘子串任意单片绝缘子作业指导书

批　　准：＿＿＿＿＿　＿＿＿＿＿年＿＿＿＿＿月＿＿＿＿＿日

审　　核：＿＿＿＿＿　＿＿＿＿＿年＿＿＿＿＿月＿＿＿＿＿日

＿＿＿＿＿　＿＿＿＿＿年＿＿＿＿＿月＿＿＿＿＿日

＿＿＿＿＿　＿＿＿＿＿年＿＿＿＿＿月＿＿＿＿＿日

编　　写：＿＿＿＿＿　＿＿＿＿＿年＿＿＿＿＿月＿＿＿＿＿日

工作负责人：＿＿＿＿＿　＿＿＿＿＿年＿＿＿＿＿月＿＿＿＿＿日

作业日期：　年　月　日　时至　年　月　日　时

B.1 范围

本作业指导书是针对±1100kV 带电更换耐张绝缘子串任意单片绝缘子工作编写而成，本作业指导书适用于该项工作。

B.2 引用文件

GB/T 6568—2008 《带电作业用屏蔽服装》

GB/T 13034—2008 《带电作业用绝缘滑车》

GB/T 13035—2008 《带电作业用绝缘绳索》

GB/T 18037—2008 《带电作业工具基本技术要求与设计导则》

GB/T 25726—2010 《1000kV 交流带电作业用屏蔽服装》

DL/T 664—2016 《带电设备红外诊断应用规范》

DL/T 966—2005 《送电线路带电作业技术导则》

DL/T 1242—2013 《±800kV 直流线路带电作业技术规范》

Q/GDW 1799.2—2013 《国家电网公司电力安全工作规程　线路部分》

Q/GDW 11927—2018 《±1100kV 直流输电线路带电作业技术导则》

运检二〔2015〕31 号　国网运检部关于进一步提升架空输电线路带电作业

规范化水平的通知

国家电网运检〔2016〕48 号　国家电网公司关于印发《重大检修管理办法（试行）》的通知

B.3 工作准备

B.3.1 准备工作安排

√	序号	内容	标　　准	责任人	备注
	1	现场勘察	根据现场勘查结果，参见 Q/GDW 11927—2018《±1100kV 直流输电线带电作业技术导则》的准备工作部分，主要有安全距离校验、选用工器具的受力计算等		
	2	明确作业项目及作业方法	确定作业项目为±1100kV 带电更换耐张绝缘子串任意单片绝缘子。采用的作业方法为等电位作业法。具体方法为作业人员乘吊篮进入强电场		
	3	确定作业人员和劳动组合	工作负责人 1 名，安全监护人 1 名，地电位作业人员 2 名，等电位作业人员 4 名，地面作业人员 6 名，本作业项目工作人员共计 14 人		
	4	学习作业指导书	工作前，组织全体工作班成员进行指导书学习，工作班成员应明确工作内容、工作流程、安全措施、工作中的危险点，并履行确认手续		
	5	确定准备作业所需物品要求	现场准备所使用的带电作业工具规格选择正确，预防性试验标签齐全，并在有效期内，经外观检查和电气检测合格。所使用的检测仪表规格正确，量程符合要求，在鉴定有效期内。所使用材料规格正确，质量符合要求		

B.3.2 人员要求

√	序号	内容	标　　准	责任人	备注
	1	作业人员精神状态	作业人员应精神状态良好		
	2	工作人员的资格	（1）经医师鉴定，无妨碍工作的病症。 （2）具备必要的电气知识和带电作业技能，熟悉 Q/GDW 1799.2—2013《国家电网公司电力安全工作规程　线路部分》中带电作业的相关部分，并经考试合格。具备必要的安全生产知识，会紧急救护法，特别是触电急救。持有高压线路带电检修工职业资格证书、±1100kV 带电作业培训合格证和高空作业证，并经生产单位批准上岗		

B.3.3 工器具

√	序号	名称		规格型号	单位	数量	备注
	1	绝缘工具	绝缘传递绳	SCJS－ϕ14mm	根	2	160m
	2		绝缘绳套	SCJS－ϕ20mm	根	2	—
	3		绝缘滑车	1t	只	2	—
	4		绝缘保护绳	SCJS－ϕ16mm	根	2	14m
	5		旋转起吊支架	—	个	1	—
	6	金属工具	金属挂环	1t	个	6	—
	7		闭式卡具	NGK550	套	1	—
	8	个人防护用具	全套屏蔽服	—	套	3	—
	9		安全带及绝缘二防绳	全方位	副	4	—
	10	辅助安全工具	防潮帆布	3m×3m	块	2	—
	11		防潮帆布桶	ϕ600mm×800mm	个	1	装绝缘绳用
	12		手持工具	—	套	3	—
	13		万用表	VC980	个	1	测量屏蔽服连接导通用
	14		风速湿度仪	NK4000	个	1	
	15		绝缘电阻表	5000V	套	1	极宽 2cm，极间距 2cm
	16		红外测温仪	P65	台	1	—

B.3.4 材料

√	序号	名称	规格型号	单位	数量	备注
	1	绝缘子				

B.3.5 安全风险辨识及危险点分析

√	序号	内　　容
	1	系统过电压（如：不办理工作票，不按要求申请退出直流再启动保护等）
	2	误登杆塔（如：不核对杆塔设备编号等）
	3	天气突变（根据季节特点注意天气变化对作业的影响）
	4	人身触电（未保持足够的安全距离、组合间隙不满足要求等）
	5	人身感电（如不正确穿戴屏蔽服、未采取静电感应防护、绝缘电阻表等仪表不正确操作引起的电击等）
	6	线路跳闸（主要指作业过程中因操作方法失误、带电作业工具选择错误，损伤、受潮、脏污，绝缘工具有效绝缘长度、各类安全距离不能满足规程要求等造成的单相接地和相间短路跳闸事故）
	7	高空坠落（主要是指不正确使用安全带、二防绳等防护用品，登高作业前不检查脚钉，塔材锈蚀等）
	8	高空落物（主要是指不正确传递工器具、没有保管好随身携带的手动工具等）
	9	作业人员身体不适、思想波动、不安全行为、技术水平能力不足等可能带来的危害或造成设备异常
	10	违章指挥、违章作业（主要是指违反安规，如在湿度超过 80%、风力大于 10m/s 等不符合作业环境时未经总工程师批准强令作业，作业指导书不履行编审批手续、不严格执行作业指导书和技术方案、违反劳动纪律和不按操作规程要求操作等）

B.3.6 安全措施

√	序号	内　　容
	1	本次作业为等电位作业，工作负责人在工作开始前，应与值班调度员联系，申请办理电力线路带电作业工作票，并申请停用直流再启动保护，由调度值班员履行许可手续。带电作业结束后应及时向调度值班员汇报。严禁约时停用和恢复直流再启动保护。在带电作业过程中如遇设备突然停电，作业人员应视设备仍然带电。工作负责人应尽快与调度联系，值班调度员未与工作负责人取得联系前不得强送电
	2	核对线路名称及塔号：确认工作地点正确，防止误登杆塔
	3	带电作业应在良好天气下进行。前往现场前，应注意当地气象部门的当天天气预报。到达现场后，应对作业位置气象条件做出能否进行作业的判断。相对湿度超过 80%不得进行本作业。风力大于 5 级（10m/s）时，不宜进行本作业。作业过程中，注意对天气变化的检测，如遇大风、雨雾等紧急情况，按照规程正确采取措施，保证人员和设备安全

续表

√	序号	内　　容
	4	（1）现场作业人员必须穿工作服，正确佩戴安全帽等安全防护用品。 （2）等电位电工必须在衣服最外面穿全套合格的屏蔽服（包括帽、衣裤、手套、袜、鞋、面罩），且各部连接良好，屏蔽服衣裤任意两端点之间的电阻均不得大于 20Ω，屏蔽服内应穿阻燃内衣，安全帽必须戴在屏蔽服内。塔上地电位电工在衣服最外面穿全套合格的屏蔽服，各部连接良好。 （3）用绝缘绳索传递大件金属物品（包括工具、材料）时，塔上电工和地面电工应将金属物品接地后再接触，以防电击。 （4）正确使用绝缘电阻表和万用表（有不过期的合格试验标签），接线正确，防止使用中的高压电击
	5	（1）认真执行现场勘察制度。收集分析线路施工图纸资料，根据杆塔型式、塔窗尺寸、设备间距以及现场量取作业距离等选择作业方法和进入电场方式，根据工作负荷校验选择工器具机械强度，测量海拔，校验修正带电作业安全距离和绝缘工具有效绝缘长度，确保操作方法正确，工器具选型合理。 （2）带电作业工具（有不过期的合格试验标签）在运输中，带电绝缘工具应装在专用的工具袋、工具箱或专用工具车内，以防受潮和损伤。进入作业现场，应将使用的带电作业工具放置在防潮帆布上，防止绝缘工具在使用中脏污后受潮。使用前，仔细检查试验标签齐全合格，在预防性试验有效期内。确认没有损坏、受潮、变形、失灵，否则禁止使用。用干燥清洁的毛巾对绝缘工具进行清扫，并使用 5000V 绝缘电阻表进行分段绝缘检测（电极宽 2cm，极间宽 2cm）。操作绝缘工具时应戴清洁干燥的手套。 （3）塔上地电位电工与带电体的距离不得小于 9.6m。 （4）等电位电工应注意减小操作动作幅度，等电位电工与接地体的距离不得小于 9.8m。 （5）绝缘工器具有效绝缘长度不得小于 9.1m。 （6）±1100kV 直流输电线路上进行等电位作业时最小组合间隙不准小于 10.5m。 （7）等电位电工在电位转移前应得到工作负责人的许可，并系好安全带
	6	登杆塔前，应先检查根部、基础和拉线是否牢固。遇有冲刷、取土的杆塔，应先培土加固确保安全。检查登高工具有后备绳的双保险安全带（有不过期的合格试验标签）、脚钉、防坠装置等是否完整牢靠。高空作业时，正确使用防坠装置。安全带和保护绳应分挂在杆塔不同部位的牢固构件上，应防止安全带被锋利物损坏。人员在转位时，手扶的构件应牢固，且不得失去后备绳的保护。上横担进行工作前，应检查横担连接是否牢固和腐蚀情况，检查时安全带应系在牢固的构件上
	7	高处作业应使用工具袋，较大的工具应固定在牢固的构件上，不准随便乱放。上下传递物件应用绝缘绳索拴牢传递，严禁上下抛物。保管好自己携带的工器具及材料，防止高空坠物。地面电工不得站在作业处垂直下方，高空落物区不得有无关人员通行或逗留。工作场所周围应装设遮拦（围栏）和悬挂警示标志
	8	本次作业工作负责人工作期间不得直接操作。应认真担负起安全工作责任，正确安全地组织工作，工作前对工作班成员进行危险点告知，交代安全措施和技术措施，并确认每一个工作成员都已知晓，严格执行工作票所列各项措施，督促监护工作班成员遵守本作业指导书、正确使用劳动防护用品和执行现场安全措施，察看工作班成员精神状态是否良好，工作班成员变动是否合适等。工作班成员严格遵守安全规章制度、技术规程和劳动纪律，正确使用安全工器具和劳动防护用品，相互关心工作安全，并监督安全规程的执行和现场安全措施的实施。现场配备急救箱，配备急救用品
	9	严格遵守 Q/GDW 1799.2—2013《国家电网公司电力安全工作规程　线路部分》相关规定

B.3.7　作业分工

√	序号	作业内容	分组负责人	作业人员
	1	地面电工主要负责确认线路名称塔号，检查基础、杆塔是否稳固，进行作业环境、屏蔽服电阻测量，工器具外观检查，绝缘检测和组装，传递工器具及场地清理		
	2	塔上地电位电工负责塔上配合工作		
	3	等电位电工主要负责合成绝缘子的拆装		
	4	工作负责人负责整个作业项目指挥		
	5	专责监护人负责现场安全监护工作		

B.4　作业程序

B.4.1　开工

√	序号	内　容	作业人员签字
	1	工作负责人向调度申请办理带电作业工作票，履行许可手续	
	2	作业人员列队进入工作现场，到达杆塔合适的位置	
	3	召开站班会，工作负责人明确作业内容和任务分工、进行技术交底，作业人员签字确认	
	4	作业人员铺好防潮帆布，摆放工器具，进行作业前准备工作	
	5	地面电工进行工器具的连接和检查，并进行风速湿度、绝缘绳索的检测，不合格的物品禁止使用	
	6	等电位电工和塔上电工穿戴屏蔽服，并进行连接和整套电阻检查，佩戴安全工器具（安全带、二防绳等）	
	7	准备完毕后，各作业人员向工作负责人汇报	
	8	工作负责人宣布登塔开始作业	

B.4.2　作业内容及标准

√	序号	作业内容	作业步骤及标准	安全措施注意事项	责任人签字
	1	确认线路名称和塔号、杆塔检查	工作负责人确认工作地点正确，检查杆塔状况良好	预防误登杆塔，防止因塔材原因等引起高空坠落	

续表

<table>
<tr><th>√</th><th>序号</th><th>作业内容</th><th colspan="3">作业步骤及标准</th><th>安全措施注意事项</th><th>责任人签字</th></tr>
<tr><td rowspan="6"></td><td rowspan="6">2</td><td rowspan="6">现场作业环境测量</td><td>测量项目</td><td>标准值</td><td>实测值</td><td rowspan="6">风力大于 5 级，湿度大于 80%时一般不宜进行带电作业</td><td rowspan="6"></td></tr>
<tr><td>风速</td><td>不宜大于 10m/s</td><td></td></tr>
<tr><td>湿度</td><td>不大于 80%</td><td></td></tr>
<tr><td>环境温度</td><td>0～38℃</td><td></td></tr>
<tr><td>海拔</td><td>海拔 500m 和 1000m 为界</td><td></td></tr>
<tr></tr>
<tr><td rowspan="3"></td><td rowspan="3">3</td><td rowspan="3">地面准备工作</td><td colspan="2">检测项目</td><td>检测结果</td><td rowspan="3">遵守安规关于带电作业工器具的使用要求。
遵守安规关于屏蔽服使用要求</td><td rowspan="3"></td></tr>
<tr><td colspan="2">带电作业工器具组装检查测试</td><td></td></tr>
<tr><td colspan="2">屏蔽服连接检查，电阻测量</td><td></td></tr>
<tr><td></td><td>4</td><td>塔上地电位电工登塔至横担，做好准备工作</td><td colspan="3">（1）地电位电工、中间电位电工带绝缘传递绳登塔至横担位置，打好安全带及人身保护绳，挂好传递绳。
（2）地电位电工对各种安全距离进行检测。
（3）地面电工使用红外测温仪对绝缘子的良好片数进行检测</td><td>（1）登塔或塔上转位作业时，作业人员必须双手攀抓牢固构件，且双手不得持带任何工器具。
（2）各种作业距离满足带电作业安全距离要求。
（3）绝缘子良好片数满足安规规定要求</td><td></td></tr>
<tr><td></td><td>5</td><td>中间电位电工进入电场</td><td colspan="3">中间电位电工检查自身各部连接确认无误，向工作负责人汇报，得到确认许可命令后方可进行下步工作。中间电位电工携带绝缘传递绳沿绝缘子串采用跨二短三的方法进入作业位置</td><td>中间电位电工应注意减小操作动作幅度，组合间隙距离不得小于 9.8m</td><td></td></tr>
<tr><td></td><td>6</td><td>安装工具更换绝缘子</td><td colspan="3">（1）中间电位电工到达作业位置后，将传递绳挂好，地面电工用绝缘传递绳将闭式卡传递至中间电位电工作业位置。
（2）中间电位电工将闭式卡、丝杠依次安装在被更换绝缘子的两侧，检查卡具各部分连接良好。
（3）中间电位电工收紧卡具丝杠，将绝缘子的荷载转移至卡具上，并检查卡具受力良好。
（4）报经工作负责人同意后，中间电位电工取出被换绝缘子两侧的锁紧销，继续收紧卡具丝杠，直至取出绝缘子。
（5）中间电位电工与地面电工配合落下旧绝缘子，更换新绝缘子，注意控制好传递绝缘子过程中防止发生相互碰撞。
（6）中间电位电工换上新绝缘子，复位两侧锁紧销，检查新绝缘子安装无误后，报经工作负责人同意后拆除工具</td><td>（1）控制动作幅度，中间电位电工保持 9.8m 以上组合间隙安全距离。
（2）卡具组装完毕后，进行检查试验、确认可靠</td><td></td></tr>
</table>

续表

√	序号	作业内容	作业步骤及标准	安全措施注意事项	责任人签字
	7	中间电位电工退出电场	作业完毕后，中间电位电工检查自身各部连接确认无误，向工作负责人汇报，得到确认许可命令后进行下步工作。中间电位电工逐步将工具传递至地面后，携带绝缘传递绳沿绝缘子串退出电场	中间电位电工应注意减小操作动作幅度，组合间隙距离不得小于9.8m	
	8	人员下塔	地电位电工检查无遗留物后，向工作负责人汇报，带传递绳下塔至地面	下塔时必须双手攀抓牢固构件	
	9	清理作业现场	地面电工整理并清点所有工器具，工作负责人确认工器具齐全，清理现场	工具清理完毕，地面摆放整齐	
	10	终结工作票	工作负责人向调度汇报：更换绝缘子工作已结束，人员已撤离，无遗留物，可以终结工作票	确认无留遗物，现场清理完毕后方可汇报、终结工作票	

B.4.3 环境保护

√	序号	内 容	负责人员签字
	1	废弃物回收（手套、毛巾、旧材料等）	
	2	青苗保护（作业时注意减少青苗踩踏，爱护农作物）	

B.4.4 竣工

√	序号	内 容	负责人员签字
	1	检查试验缺陷处理质量	
	2	检查确认杆塔上无遗留物	
	3	作业现场清理完毕，作业结束	

B.4.5 消缺记录

√	序号	缺 陷 内 容	消除人员签字
	1		

B.4.6 验收总结

√	序号	作 业 总 结	
	1	验收评价	（1）人员违章情况。 （2）技术方案是否存在需要改进的地方。 （3）设备缺陷初步原因分析
	2	存在问题及处理意见	

B.4.7 指导书执行情况评估

评估内容	符合性	优		可操作项	
		良		不可操作项	
	可操作性	优		修改项	
		良		遗漏项	
存在问题					
改进意见					

B.4.8 技术附图

附录 C　±1100kV 直流输电线路带电补修导线作业指导书

批　　准：________　________ 年________月________日
审　　核：________　________ 年________月________日
　　　　　________　________ 年________月________日
　　　　　________　________ 年________月________日
编　　写：________　________ 年________月________日
工作负责人：________　________ 年________月________日
作 业 日 期：　年　月　日　时至　年　月　日　时

C.1　范围

本作业指导书是针对±1100kV 直流输电线路带电补修导线工作编写而成，本作业指导书适用于该项工作。

C.2　引用文件

GB/T 6568—2008　《带电作业用屏蔽服装》
GB/T 13034—2008　《带电作业用绝缘滑车》
GB/T 13035—2008　《带电作业用绝缘绳索》
GB/T 18037—2008　《带电作业工具基本技术要求与设计导则》
GB/T 25726—2010　《1000kV 交流带电作业用屏蔽服装》
DL/T 664—2016　《带电设备红外诊断应用规范》
DL/T 966—2005　《送电线路带电作业技术导则》
DL/T 1069—2016　《架空输电线路导地线修补导则》
DL/T 1242—2013　《±800kV 直流线路带电作业技术规范》
Q/GDW 1799.2—2013　《国家电网公司电力安全工作规程　线路部分》
Q/GDW 11927—2018　《±1100kV 直流输电线路带电作业技术导则》（报

批稿）

国家电网生〔2007〕751 号　关于印发《国家电网公司带电作业工作管理规定（试行）》的通知

运检二〔2015〕31 号　国网运检部关于进一步提升架空输电线路带电作业规范化水平的通知

国家电网运检〔2016〕48 号　国家电网公司关于印发《重大检修管理办法（试行）》的通知

C.3　工作准备

C.3.1　准备工作安排

√	序号	内容	标　　准	责任人	备注
	1	明确作业项目及作业方法	根据±1100kV 导线断股的现场勘查结果，确定作业项目为±1100kV 带电修补导线。采用的作业方法为等电位作业法，具体方法为采用吊篮荡法进入强电场		
	2	确定作业人员和劳动组合	工作负责人 1 名，塔上监护人 1 名，塔上地电位电工 3 名，等电位电工 1 名，地面电工 4 名。共计 10 名		
	3	学习作业指导书	工作前，组织全体工作班作业人员进行指导书学习，工作班成员应明确工作内容、工作流程、安全措施、工作中的危险点，并履行确认手续		
	4	确定准备作业所需物品要求	现场准备所使用的带电作业工具规格选择正确，预防性试验标签齐全，并在有效期内，经外观检查和电气检测合格。所使用的检测仪表规格正确，量程符合要求，在鉴定有效期内。所使用材料规格正确，质量符合要求		

C.3.2　人员要求

√	序号	内容	标　　准	责任人	备注
	1	作业人员精神状态	作业人员应精神状态良好		
	2	工作人员的资格	（1）经医师鉴定，无妨碍工作的病症。 （2）具备必要的电气知识和带电作业技能，熟悉 Q/GDW 1799.2—2013《国家电网公司电力安全工作规程　线路部分》中带电作业的相关部分，并经考试合格。具备必要的安全生产知识，会紧急救护法，特别是触电急救。持有高压线路带电检修工职业资格证书、±1100kV 带电作业培训合格证和高空作业证，并经生产单位批准上岗		

C.3.3 工器具

√	序号	名称		规格型号	单位	数量	备 注
	1	绝缘工具	绝缘传递绳	TJS－ϕ14mm	根	2	长度视作业杆塔高度而定
	2		绝缘吊篮绳	TJS－ϕ14mm	根	2	横担至导线垂直距离+操作长度
	3		绝缘绳套	10kN	根	6	—
	4		2－2绝缘滑车组	JH10－2	套	1	进出等电位工具
	5		绝缘滑车	JH10－1	只	2	—
	6	金属工具	吊篮	—	个	1	进出等电位工具
	7		导线修补工具	—	套	1	视导线损伤情况而定
	8	个人防护用具	全套屏蔽服装	—	套	3	带屏蔽面罩
	9		安全帽	—	顶	10	—
	10		安全带	全方位	副	3	—
	11	辅助安全工具	万用表	VC980型	个	1	测量屏蔽服连接导通用
	12		风速湿度仪	NK4000	个	1	测量作业环境气象条件
	13		绝缘电阻表	5000V	套	1	电极宽2cm，极间距2cm
	14		防潮帆布	4m×4m	块	2	—
	15		工具袋	—	个	2	装绝缘工具用
	16		帆布桶	—	个	2	—

C.3.4 材料

√	序号	名　称	规格型号	单位	数量	备注
	1	补修管/预绞丝护线条/预绞丝接续条	根据导线损伤情况选择修补材料			

C.3.5 安全风险辨识及危险点分析

√	序号	内 容
	1	系统过电压（如：不办理工作票，不按要求申请退出直流再启动保护等）
	2	误登杆塔（如：不核对杆塔设备编号等）
	3	天气突变（根据季节特点注意天气变化对作业的影响）
	4	人身触电（未保持足够的安全距离、组合间隙不满足要求等）
	5	人身感电（如不正确穿戴屏蔽服、未采取静电感应防护、绝缘电阻表等仪表不正确操作引起的电击等）
	6	线路跳闸（主要指作业过程中因操作方法失误，带电作业工具选择错误、损伤、受潮、脏污，绝缘工具有效绝缘长度、各类安全距离不能满足规程要求等造成的单相接地和相间短路跳闸事故）
	7	高空坠落（主要是指不正确使用安全带、二防绳等防护用品，登高作业前不检查脚钉，塔材锈蚀等）
	8	高空落物（主要是指不正确传递工器具、没有保管好随身携带的手动工具等）
	9	作业人员身体不适、思想波动、不安全行为、技术水平能力不足等可能带来的危害或造成设备异常
	10	违章指挥、违章作业（主要是指违反安规，如在湿度超过 80%、风力大于 10m/s 等不符合作业环境时未经总工程师批准强令作业，作业指导书不履行编审批手续、不严格执行作业指导书和技术方案、违反劳动纪律和不按操作规程要求操作等）

C.3.6 安全措施

√	序号	内 容
	1	本次作业为等电位作业，工作负责人在工作开始前，应与值班调度员联系，申请办理电力线路带电作业工作票，并申请停用直流再启动保护，由调度值班员履行许可手续。带电作业结束后应及时向调度值班员汇报。严禁约时停用和恢复直流再启动保护。在带电作业过程中如遇设备突然停电，作业人员应视设备仍然带电。工作负责人应尽快与调度联系，值班调度员未与工作负责人取得联系前不得强送电
	2	核对线路名称及塔号：确认工作地点正确，防止误登杆塔
	3	带电作业应在良好天气下进行。前往现场前，应注意当地气象部门的当天天气预报。到达现场后，应对作业位置气象条件做出能否进行作业的判断。相对湿度超过 80%不得进行本作业。风力大于 5 级（10m/s）时，不宜进行本作业。作业过程中，注意对天气变化的检测，如遇大风、雨雾等紧急情况，按照规程正确采取措施，保证人员和设备安全
	4	（1）现场作业人员必须穿工作服，正确佩戴安全帽等安全防护用品。 （2）等电位电工必须在衣服最外面穿全套合格的屏蔽服（包括帽、衣裤、手套、袜、鞋、面罩），且各部连接良好，屏蔽服衣裤任意两端点之间的电阻均不得大于 20Ω，屏蔽服内应穿阻燃内衣，安全帽必须戴在屏蔽服内。塔上地电位电工在衣服最外面穿全套合格的屏蔽服，各部连接良好。 （3）用绝缘绳索传递的大件金属物品（包括工具、材料）时，塔上电工和地面电工应将金属物品接地后再接触，以防电击。 （4）正确使用绝缘电阻表和万用表（有不过期的合格试验标签），接线正确，防止使用中的高压电击

续表

√	序号	内　容
	5	（1）认真执行现场勘察制度。收集分析线路施工图纸资料，根据杆塔型式、塔窗尺寸、设备间距以及现场量取作业距离等选择作业方法和进入电场方式，根据工作负荷校验选择工器具机械强度，测量海拔，校验修正带电作业安全距离和绝缘工具有效绝缘长度，确保操作方法正确，工器具选型合理。 （2）带电作业工具（有不过期的合格试验标签）在运输中，带电绝缘工具应装在专用的工具袋、工具箱或专用工具车内，以防受潮和损伤。进入作业现场，应将使用的带电作业工具放置在防潮帆布上，防止绝缘工具在使用中脏污后受潮。使用前，仔细检查试验标签齐全合格，在预防性试验有效期内。确认没有损坏、受潮、变形、失灵，否则禁止使用。用干燥清洁的毛巾对绝缘工具进行清扫，并使用5000V绝缘电阻表进行分段绝缘检测（电极宽2cm，极间宽2cm）。操作绝缘工具时应戴清洁干燥的手套。 （3）塔上地电位电工与带电体的距离不得小于9.6m。 （4）等电位电工应注意减小操作动作幅度，等电位电工与接地体的距离不得小于9.8m。 （5）绝缘工器具有效绝缘长度不得小于9.1m。 （6）±1100kV直流输电线路上进行等电位作业时最小组合间隙不准小于10.5m。 （7）等电位电工在电位转移前应得到工作负责人的许可，并系好安全带
	6	登杆塔前，应先检查根部、基础和拉线是否牢固。遇有冲刷、取土的杆塔，应先培土加固确保安全。检查登高工具有后备绳的双保险安全带（有不过期的合格试验标签）、脚钉、防坠装置等是否完整牢靠。高空作业时，正确使用防坠装置。安全带和保护绳应分挂在杆塔不同部位的牢固构件上，应防止安全带被锋利物损坏。人员在转位时，手扶的构件应牢固，且不得失去后备绳的保护。上横担进行工作前，应检查横担连接是否牢固和腐蚀情况，检查时安全带应系在牢固的构件上
	7	高处作业应使用工具袋，较大的工具应固定在牢固的构件上，不准随便乱放。上下传递物件应用绝缘绳索拴牢传递，严禁上下抛物。保管好自己携带的工器具及材料，防止高空坠物。地面电工不得站在作业处垂直下方，高空落物区不得有无关人员通行或逗留。工作场所周围应装设遮拦（围栏）和悬挂警示标志
	8	本次作业工作负责人工作期间不得直接操作。应认真担负起安全工作责任，正确安全地组织工作，工作前对工作班成员进行危险点告知，交代安全措施和技术措施，并确认每一个工作成员都已知晓，严格执行工作票所列各项措施，督促监护工作班成员遵守本作业指导书、正确使用劳动防护用品和执行现场安全措施，察看工作班成员精神状态是否良好，工作班成员变动是否合适等。工作班成员严格遵守安全规章制度、技术规程和劳动纪律，正确使用安全工器具和劳动防护用品，相互关心工作安全，并监督安全规程的执行和现场安全措施的实施。现场配备急救箱，配备急救用品
	9	严格遵守Q/GDW 1799.2—2013《国家电网公司电力安全工作规程　线路部分》相关规定

C.3.7　作业分工

√	序号	作业内容	分组负责人	作业人员
	1	地面电工主要负责确认线路名称塔号，检查基础、杆塔是否稳固，进行作业环境，屏蔽服电阻测量，工器具外观检查，绝缘检测和组装，传递工器具及场地清理		
	2	塔上地电位电工负责塔上配合工作		
	3	等电位电工主要负责合成绝缘子的拆装		
	4	工作负责人负责整个作业项目指挥		
	5	专责监护人负责现场安全监护工作		

C.4 作业程序

C.4.1 开工

√	序号	内容	作业人员签字
	1	工作负责人向调度申请办理带电作业工作票，履行许可手续	
	2	作业人员列队进入工作现场，到达杆塔合适的位置	
	3	召开站班会，工作负责人明确作业内容和任务分工、进行技术交底，作业人员签字确认	
	4	作业人员铺好防潮帆布，摆放工器具，进行作业前准备工作	
	5	地面电工进行工器具的连接和检查，并进行风速湿度、绝缘绳索的检测，不合格的物品禁止使用	
	6	等电位电工和塔上电工穿戴屏蔽服，并进行连接和整套电阻检查，佩戴安全工器具（安全带、二防绳等）	
	7	准备完毕后，各作业人员向工作负责人汇报	
	8	工作负责人宣布登塔开始作业	

C.4.2 作业内容及标准

<table>
<tr><th>√</th><th>序号</th><th>作业内容</th><th colspan="3">作业步骤及标准</th><th>安全措施注意事项</th><th>责任人签字</th></tr>
<tr><td></td><td>1</td><td>确认线路名称和塔号、杆塔检查</td><td colspan="3">工作负责人确认工作地点正确，检查杆塔状况良好</td><td>预防误登杆塔，防止因塔材原因等引起高空坠落</td><td></td></tr>
<tr><td rowspan="5"></td><td rowspan="5">2</td><td rowspan="5">现场作业环境测量</td><td>测量项目</td><td>标准值</td><td>实测值</td><td rowspan="5">风力大于 5 级，湿度大于 80%时一般不宜进行带电作业</td><td rowspan="5"></td></tr>
<tr><td>风速</td><td>不宜大于 10m/s</td><td></td></tr>
<tr><td>湿度</td><td>不大于 80%</td><td></td></tr>
<tr><td>环境温度</td><td>0～38℃</td><td></td></tr>
<tr><td>海拔</td><td>海拔 500m 和 1000m 为界</td><td></td></tr>
<tr><td rowspan="3"></td><td rowspan="3">3</td><td rowspan="3">地面准备工作</td><td colspan="2">检测项目</td><td>检测结果</td><td rowspan="3">遵守安规关于带电作业工器具的使用要求。
遵守安规关于屏蔽服使用要求</td><td rowspan="3"></td></tr>
<tr><td colspan="2">带电作业工器具组装检查测试</td><td></td></tr>
<tr><td colspan="2">屏蔽服连接检查，电阻测量</td><td></td></tr>
</table>

续表

√	序号	作业内容	作业步骤及标准	安全措施注意事项	责任人签字
	4	作业人员组装进电位工器具	（1）等电位电工、地电位电工带传递绳上塔至合适位置。 （2）地面电工将工器具传递至塔上，地电位电工将吊篮、2-2绝缘滑车组安装就位	选择挂点位置合适，安装到位牢固	
	5	等电位电工进入电场	塔上地电位电工作业前检测作业距离是否符合安全距离要求，并向工作负责人汇报，得到确认开工许可命令后方可进行下步工作。等电位电工在地电位电工的配合下乘坐吊篮采取荡秋千方式进入强电场等电位	（1）等电位电工进入强电场时要经工作负责人的同意。 （2）等电位电工进入电场过程中，地面电工控制好保护绳。 （3）等电位电工进入电场过程需要保护绳的保护	
	6	修补导线	等电位电工走线至导线断股处查看缺陷情况，然后按照DL/T 1069—2016《架空输电线路导地线修补导则》进行导线修补	控制动作幅度，等电位电工与接地体保持9.8m以上安全距离	
	7	等电位电工退出	等电位电工各部位检查无问题后，等电位电工乘吊篮退出强电场	（1）等电位电工退出强电场时要经工作负责人的同意。 （2）等电位电工退出电场时地面电工要控制好保护绳	
	8	清理作业现场	塔上电工拆除吊篮，整理工器具下塔，工作负责人确认工器具齐全，清理现场	工具清理完毕，地面摆放整齐	
	9	终结工作票	工作负责人向调度汇报：±1100kV直流输电线路带电修补导线工作已结束，人员已撤离，无遗留物，可以终结工作票	确认无留遗物，现场清理完毕后方可汇报、终结工作票	

C.4.3 环境保护

√	序号	内　　容	负责人员签字
	1	废弃物回收（手套、毛巾、旧材料等）	
	2	青苗保护（作业时注意减少青苗踩踏，爱护农作物）	

C.4.4 竣工

√	序号	内　　容	负责人员签字
	1	检查试验缺陷处理质量	
	2	检查确认杆塔上无遗留物	
	3	作业现场清理完毕，作业结束	

C.4.5 消缺记录

√	序号	缺 陷 内 容	消除人员签字
	1		

C.4.6 验收总结

√	序号	作 业 总 结	
	1	验收评价	（1）人员违章情况。 （2）技术方案是否存在需要改进的地方。 （3）设备缺陷初步原因分析
	2	存在问题及处理意见	

C.4.7 指导书执行情况评估

评估内容	符合性	优		可操作项	
		良		不可操作项	
	可操作性	优		修改项	
		良		遗漏项	
存在问题					
改进意见					

C.4.8 技术附图

附录 D　±1100kV 直流输电自动升降装置进入等电位作业指导书

批　　准：__________　________年_________月_________日
审　　核：__________　________年_________月_________日
　　　　　__________　________年_________月_________日
　　　　　__________　________年_________月_________日
编　　写：__________　________年_________月_________日
工作负责人：__________　________年_________月_________日
作 业 日 期：　年　　月　　日　　时至　　年　　月　　日　　时

D.1　范围

本作业指导书是针对±1100kV 直流输电自动升降装置进入等电位作业编写而成，本作业指导书适用于该项工作。

D.2　引用文件

GB/T 6568—2008　《带电作业用屏蔽服装》

GB/T 13034—2008　《带电作业用绝缘滑车》

GB/T 13035—2008　《带电作业用绝缘绳索》

GB/T 18037—2008　《带电作业工具基本技术要求与设计导则》

DL/T 664—2016　《带电设备红外诊断应用规范》

DL/T 966—2005　《送电线路带电作业技术导则》

Q/GDW 1799.2—2013　《国家电网公司电力安全工作规程　线路部分》

Q/GDW 11927—2018　《±1100kV 直流输电线路带电作业技术导则》

国家电网生〔2007〕751 号　关于印发《国家电网公司带电作业工作管理规定（试行）》的通知

运检二〔2015〕31 号　国网运检部关于进一步提升架空输电线路带电作业

规范化水平的通知

国家电网运检〔2016〕48 号　国家电网公司关于印发《重大检修管理办法（试行）》的通知

国网运检部　2017 年 5 月 23 日关于印发直流输电线路不停用再启动功能情况下带电作业安全性分析讨论会性分析报告

2018 年 8 月　国家电网有限公司新技术推广应用计划（2018 版）

D.3　工作准备

D.3.1　准备工作安排

√	序号	内容	标　准	责任人	备注
	1	明确作业项目及作业方法	根据±1100kV 现场勘查结果，采用的作业方法为等电位作业法，具体方法为采用乘坐电动提升装置垂直进入等电位		
	2	确定作业人员和劳动组合	工作负责人 1 名，塔上监护人 1 名，塔上地电位电工 2 名，等电位电工 1 名，地面电工 4 名。共计 9 名		
	3	学习作业指导书	工作前，组织全体工作班作业人员进行指导书学习，工作班成员应明确工作内容、工作流程、安全措施、工作中的危险点，并履行确认手续		
	4	确定准备作业所需物品要求	现场准备所使用的带电作业工具规格选择正确，经外观检查和电气检测合格。所使用的检测仪表规格正确，量程符合要求，在鉴定有效期内。所使用材料规格正确，质量符合要求		

D.3.2　人员要求

√	序号	内容	标　准	责任人	备注
	1	作业人员精神状态	作业人员应精神状态良好		
	2	工作人员的资格	（1）经医师鉴定，无妨碍工作的病症。 （2）具备必要的电气知识和带电作业技能，熟悉 Q/GDW 1799.2—2013《国家电网公司电力安全工作规程　线路部分》中带电作业的相关部分，并经考试合格。具备必要的安全生产知识，会紧急救护法，特别是触电急救。持有高压线路带电检修工职业资格证书、特高压直流带电作业资格证、±1100kV 带电作业培训合格证和高空作业证，并经生产单位批准上岗		

D.3.3 工器具

√	序号	名称		规格型号	单位	数量	备注
	1	绝缘工具	绝缘传递绳	ϕ8mm×100m	根	2	用于工器具的传递
	2		绝缘导引绳	ϕ4mm×200m	根	1	用于绝缘传递绳的导引
	3		绝缘人身保护绳	ϕ14mm×200m	根	1	用于等电位作业人员乘坐电动提升装置中的人身保护
	4		电动升降装置专用绝缘绳	机械静态绳索 ϕ12mm×100m	根	1	用于电动升降装置的上升和下降
	5		绝缘人身二防绳	ϕ16mm×2m	根	3	塔上地电位电工、塔上监护后备保护
	6		绝缘绳套	10kN×1m	根	6	—
	7		绝缘单轮滑车	JH10－1	只	3	传递工具
	8		绝缘软梯	30m	根	3	备用
	9	金属工具	电动提升装置	—	个	1	等电位电工乘坐的进出等电位工具
	10		电动提升装置屏蔽罩	—	个	1	电动提升装置在强电场中的防护
	11		电位转移棒	—	个	1	等电位电工后备保护系统
	12	个人防护用具	全套屏蔽服	±1100kV	套	5	带屏蔽面罩
	13		阻燃内衣	—	套	2	—
	14		安全帽	—	顶	9	—
	15		安全带	全方位	副	5	与等电位作业人员后备保护绳配套使用
	16		缓冲自锁器	—	根	1	—
	17	辅助安全工具	激光测距望远镜	图柏斯 200	个	1	作业距离校核
	18		万用表	VC980 型	个	1	测量屏蔽服连接导通用
	19		风速湿度仪	NK4000	个	1	测量作业环境气象条件
	20		绝缘检测仪	5000V	套	1	绝缘工具绝缘电阻检测
	21		检测电极	电极宽 2cm，极间距 2cm	个	1	绝缘工具绝缘电阻检测
	22		防潮帆布	4m×8m	块	2	—

续表

√	序号	名称		规格型号	单位	数量	备注
	23	辅助安全工具	工具袋	—	个	2	装绝缘工具用
	24		手持工具	—	套	2	—
	25		帆布桶	—	个	2	—
	26		防坠器	—	个	5	—
	27		对讲机	—	部	5	—
	28		围杆	—	根	20	—
	29		警戒带	—	盘	3	—
	30		警示牌	—	个	4	—

D.3.4 材料

√	序号	名称	规格型号	单位	数量	备注
	1	螺帽、销子	与联板金具配套，配套联板型号为1－110J－320/800－70，螺孔直径为39mm，正负误差0.75mm	个	2	—

D.3.5 安全风险辨识及危险点分析

√	序号	内容
	1	系统过电压（如不办理工作票）
	2	误登杆塔（如不核对杆塔设备编号等）
	3	天气突变（根据季节特点注意天气对作业的影响）
	4	人身触（感）电（如安全距离不足、不正确穿戴屏蔽服、未采取静电感应防护、绝缘电阻表等仪表不正确操作引起的电击等）
	5	线路跳闸（主要指作业过程中因操作方法失误，带电作业工具选择错误、损伤、受潮、脏污，绝缘工具有效绝缘长度、各类安全距离不能满足规程要求等造成的单极接地和极间短路跳闸事故）
	6	高空坠落（主要是指不正确使用安全带、二防绳等防护用品，登高作业前不检查脚钉、塔材锈蚀、电动提升装置失灵等）
	7	高空落物（主要是指不正确传递工器具、没有保管好随身携带的手动工具等）
	8	作业人员身体不适、思想波动、不安全行为、技术水平能力不足等可能带来的危害或造成设备异常
	9	违章指挥、违章作业（主要是指违反安规，如在湿度超过80%、风力大于10m/s等不符合作业环境时未经总工程师批准强令作业，作业指导书不履行编审批手续、不严格执行作业指导书和技术方案、违反劳动纪律和不按操作规程要求操作等）

D.3.6 安全措施

√	序号	内　　容
	1	本次作业为等电位作业，工作负责人在工作开始前，应与值班调度员联系，申请办理电力线路带电作业工作票，由调度值班员履行许可手续。带电作业结束后应及时向调度值班员汇报。严禁约时停用和恢复直流再启动保护。在带电作业过程中如遇设备突然停电，作业人员应视设备仍然带电。工作负责人应尽快与调度联系，值班调度员未与工作负责人取得联系前不得强送电
	2	核对线路名称及塔号：确认±1100kV吉泉极Ⅰ线4574号塔工作地点正确，防止误登杆塔
	3	带电作业应在良好天气下进行。前往现场前，应注意当地气象部门的当天天气预报。到达现场后，应对作业所及范围气象条件做出能否进行作业的判断。相对湿度超过80%不得进行本作业。风力大于5级（10m/s）时，不宜进行本作业。作业过程中，注意对天气变化的检测，如遇大风、雨雾等紧急情况，按照规程正确采取措施，保证人员和设备安全
	4	（1）现场作业人员必须穿工作服，正确佩戴安全帽等安全防护用品。 （2）等电位电工必须在衣服最外面穿全套合格的±1100kV专用屏蔽服（包括帽、衣裤、手套、袜、鞋、面罩），各部连接良好，屏蔽服衣裤任意两端点之间的电阻均不得大于20Ω，屏蔽服内应穿阻燃内衣，安全帽必须戴在屏蔽服内。屏蔽服屏蔽效率不小于70dB，屏蔽面罩屏蔽效率不小于30dB。塔上地电位电工在衣服最外面穿全套合格的屏蔽服，可以不用戴面罩，各部连接良好。 （3）用绝缘绳索传递的大件金属物品（包括工具、材料）时，塔上电工和地面电工应将金属物品接地后再接触，以防电击。 （4）正确使用绝缘电阻表和万用表（有不过期的合格试验标签），接线正确，防止使用中的高压电击
	5	（1）认真执行现场勘察制度。收集分析线路施工图纸资料，根据杆塔型式、塔窗尺寸、设备间距以及现场量取作业距离等选择作业方法和进入电场方式，根据工作负荷校验选择工器具机械强度，测量海拔，本塔位海拔在500～1000m，校验修正带电作业安全距离和绝缘工具有效绝缘长度，确保操作方法正确，工器具选型合理。 （2）带电作业工具在运输中，带电绝缘工具应装在专用的工具袋、工具箱或专用工具车内，以防受潮和损伤。进入作业现场，应将使用的带电作业工具放置在防潮的帆布上，防止绝缘工具在使用中的脏污后受潮。使用前，仔细检查试验标签齐全合格，在预防性试验有效期内。确认没有损坏、受潮、变形、失灵，否则禁止使用。用干燥清洁的毛巾对绝缘工具进行清扫，并使用5000V绝缘电阻表进行分段绝缘检测（电极宽2cm，极间宽2cm），阻值应不低于700MΩ。操作绝缘工具时应戴清洁干燥的手套。 （3）塔上地电位电工与带电体的距离不得小于9.0m。 （4）等电位电工应注意减小操作动作幅度，等电位电工与接地体的距离不得小于9.0m。 （5）绝缘工器具有效绝缘长度不得小于8.6m。 （6）±1100kV直流输电线路上进行等电位作业时最小组合间隙不准小于9.6m。 （7）等电位电工在电位转移前应得到工作负责人的许可，并系好安全带
	6	登杆塔前，应先检查根部、基础和拉线是否牢固。遇有冲刷、取土的杆塔，应先培土加固确保安全。检查登高工具有后备绳的双保险安全带（有不过期的合格试验标签）、脚钉、防坠装置等是否完整牢靠。高空作业时，正确使用防坠装置。安全带和保护绳应分挂在杆塔不同部位的牢固构件上，应防止安全带被锋利物损坏。人员在转位时，手扶的构件应牢固，且不得失去后备绳的保护。上横担进行工作前，应检查横担连接是否牢固和腐蚀情况，检查时安全带应系在牢固的构件上
	7	高处作业应使用工具袋，较大的工具应固定在牢固的构件上，不准随便乱放。上下传递物件应用绝缘绳索拴牢传递，严禁上下抛物。保管好自己携带的工器具及材料，防止高空坠物。地面电工不得站在作业处垂直下方，高空落物区不得有无关人员通行或逗留。工作场所周围应装设遮拦（围栏）和悬挂警示标志

续表

√	序号	内　容
	8	本次作业工作负责人为监护人，工作期间不得直接操作。应认真担负起安全工作责任，正确安全地组织工作，工作前对工作班成员进行危险点告知，交代安全措施和技术措施，并确认每一个工作成员都已知晓，严格执行工作票所列各项措施，督促监护工作班成员遵守规程、正确使用劳动防护用品和执行现场安全措施，察看工作班成员精神状态是否良好，工作班成员变动是否合适等。工作班成员严格遵守安全规章制度、技术规程和劳动纪律，正确使用安全工器具和劳动防护用品，相互关心工作安全，并监督安全规程的执行和现场安全措施的实施。现场配备急救箱，配备急救用品
	9	电动提升装置使用前严格检查，确保电动提升装置所有功能正常；如遇电动提升装置失灵、起火等，等电位人员应立即脱开电动提升装置，由二道保护绳把作业人员放下，使用绝缘软梯进行救援
	10	严格遵守 Q/GDW 1799.2—2013《国家电网公司电力安全工作规程　线路部分》相关规定

D.3.7　作业分工

√	序号	作业内容	分组负责人	作业人员
	1	工作负责人负责整个作业过程的组织和安全		
	2	专责监护人负责塔上监护作业		
	3	等电位电工主要负责补装螺帽消缺工作		
	4	塔上地电位电工主要负责电动提升装置、等电位电工人身后备保护等进电场工具的安装拆除，配合等电位电工进入和退出电场		
	5	地面电工主要负责确认线路名称塔号，检查基础、杆塔是否稳固，进行作业环境和屏蔽服电阻测量，工器具外观检查、绝缘检测和组装，电动提升装置、传递工器具及场地清理		

D.4　作业程序

D.4.1　开工

√	序号	内　容	作业人员签字
	1	工作负责人向调度申请办理带电作业工作票，履行许可手续	
	2	作业人员列队进入工作现场，到达杆塔合适的位置	
	3	召开站班会，工作负责人明确作业内容和任务分工、进行技术交底，作业人员签字确认	

续表

√	序号	内 容	作业人员签字
	4	作业人员铺好防潮帆布，摆放工器具，进行作业前准备工作	
	5	地面电工进行工器具的连接和检查，并进行风速湿度、绝缘绳索的检测，不合格的物品禁止使用	
	6	等电位电工和塔上电工穿戴屏蔽服，并进行连接和整套电阻检查，佩戴安全工器具（安全带、二防绳等）	
	7	电动提升装置的检查，打开电动提升装置的卡绳器，把专用绝缘绳安装到卡绳器里面，打开电源，检测其上升、下降功能是否正常，遥控装置是否正常，紧急停车是否正常。并对电动提升装置屏蔽罩进行外观检查、测试	
	8	准备完毕后，各作业人员向工作负责人汇报	
	9	工作负责人宣布登塔开始作业	

D.4.2 作业内容及标准

<table>
<tr><th>√</th><th>序号</th><th>作业内容</th><th colspan="3">作业步骤及标准</th><th>安全措施注意事项</th><th>责任人签字</th></tr>
<tr><td></td><td>1</td><td>确认线路名称和塔号、杆塔检查</td><td colspan="3">工作负责人确认工作地点正确，检查杆塔状况良好</td><td>预防误登杆塔，防止因塔材原因等引起高空坠落</td><td></td></tr>
<tr><td rowspan="6"></td><td rowspan="6">2</td><td rowspan="6">现场作业环境测量</td><td>测量项目</td><td>标准值</td><td>实测值</td><td rowspan="6">风力大于 5 级，湿度大于 80%时一般不宜进行带电作业</td><td rowspan="6"></td></tr>
<tr><td>风速</td><td>不宜大于 10m/s</td><td></td></tr>
<tr><td>湿度</td><td>不大于 80%</td><td></td></tr>
<tr><td>环境温度</td><td>0～38℃</td><td></td></tr>
<tr><td>海拔</td><td>海拔 500m 和 1000m 为界</td><td></td></tr>
<tr></tr>
<tr><td rowspan="3"></td><td rowspan="3">3</td><td rowspan="3">地面准备工作</td><td colspan="2">检测项目</td><td>检测结果</td><td rowspan="3">遵守安规关于带电作业工器具的使用要求，5000V 绝缘电阻表进行分段绝缘检测（电极宽 2cm，极间宽 2cm），阻值应不低于 700MΩ。
遵守安规关于屏蔽服使用要求</td><td rowspan="3"></td></tr>
<tr><td colspan="2">带电作业工器具组装检查测试</td><td></td></tr>
<tr><td colspan="2">屏蔽服连接检查，电阻测量</td><td></td></tr>
</table>

续表

√	序号	作业内容	作业步骤及标准	安全措施注意事项	责任人签字
	4	作业人员组装进电位工器具	地电位电工带ϕ4mm 绝缘传递绳和绝缘滑车上塔至合适位置，打好安全带和人身二防绳，悬挂好绝缘滑车。使用激光测距望远镜再次检测作业距离是否符合安全距离要求。依次导引等电位人身保护绳、电动升降装置专用绝缘绳，传递到塔上悬挂牢固	选择挂点位置合适，安装到位牢固，进出电场过程中的组合间隙保证 9.6m 以上的安全距离	
	5	电动提升装置、人身后备保护绳等进电场工具的安装	打开电动提升装置的卡绳器，把电动升降装置专用绝缘绳安装到卡绳器的磨辊上面，打开电源，检测其上升、下降功能是否正常，遥控装置是否正常，紧急停车是否正常	安装在电动提升装置的卡绳器的磨辊缠绕 4 圈	
	6	等电位作业人员乘坐电动提升装置，连接后备保护绳	等电位人员穿着全套合格的屏蔽服和全方位安全带，所有连接完毕后，等电位电工对其进行冲击试验。冲击试验合格后，等电位电工检查电位转移棒与屏蔽服连接可靠	确保等电位作业人员后备保护绳打好，连接正确并牢固可靠后方可开始提升	
	7	等电位作业人员进入等电位	等电位人员向工作负责人汇报请求使用电动提升装置进入强电场，得到命令后，等电位人员操作电动提升装置开始提升，在距离导线 0.5m 时停车。向工作负责人申请电位转移，先对人身进行电位转移，然后对电动提升装置进行电位转移。后摘下腰间悬挂的硬质绝缘梯头，悬挂在最下层的子导线上。等电位人员转移位置到硬质绝缘梯头后，把安全带挂在到导线上	（1）等电位电工进入强电场时要经工作负责人的同意。等电位作业人员必须采用双电位转移，先进行人员电位转移，再进行电动提升装置的电位转移，进行电位转移时必须使用电位转移棒进行电位转移。 （2）等电位电工进入电场过程需要保护绳的保护。 （3）电位转移时，人体面部与带电体距离不得小于 0.5m。 （4）等电位作业人员进行电位转移时，电位转移棒应与屏蔽服通过转移短接线可靠电气连接。电位转移棒的长度一般为 0.5m，转移短接线截面宜不小于 10mm^2。 （5）进行电位转移时，动作应平稳、准确、快速	
	8	等电位补装螺帽	等电位电工到达作业位置后，使用手持工具将螺母补装紧固到位、销子复位并开口	控制动作幅度，等电位电工与接地体、地电位电工与带电体保持 9.0m 以上安全距离	

续表

√	序号	作业内容	作业步骤及标准	安全措施注意事项	责任人签字
	9	等电位电工退出	等电位电工各部位检查屏蔽服各部分连接无问题后，乘坐电动提升装置退出强电场	（1）等电位电工退出强电场时要经工作负责人的同意。等电位作业人员必须先进行电动提升装置的电位转移，再进行人员电位转移，进行电位转移时必须使用电位转移棒进行电位转移。 （2）等电位电工退出电场过程需要保护绳的保护。 （3）电位转移时，人体面部与带电体距离不得小于 0.5m。 （4）等电位作业人员进行电位转移时，电位转移棒应与屏蔽服通过转移短接线可靠电气连接。电位转移棒的长度一般为 0.5m，转移短接线截面宜不小于 $10mm^2$。 （5）进行电位转移时，动作应平稳、准确、快速	
	10	拆除工器具	塔上电工按照安装相反顺序，与地面人员配合拆除导地线上的后备保护系统、起吊提升系统	防止高空坠物	
	11	清理作业现场	塔上电工拆除吊篮，整理工器具下塔，工作负责人确认工器具齐全，清理现场	工具清理完毕，地面摆放整齐	
	12	终结工作票	工作负责人向调度汇报：±1100kV 吉泉极 I 线 4574 号塔带电处理导线侧绝缘子串三角联板挂点处螺帽缺失工作已结束，人员已撤离，无遗留物，可以终结工作票	确认无留遗物，现场清理完毕后方可汇报、终结工作票	

D.4.3 竣工

√	序号	内　　容	负责人员签字
	1	检查螺母、销子复位	
	2	检查确认杆塔上无遗留物	
	3	作业现场清理完毕，作业结束	

D.4.4 消缺记录

√	序号	缺 陷 内 容	消除人员签字
	1		

D.4.5 验收总结

序号	作 业 总 结	
1	验收评价	
2	存在问题及处理意见	

D.4.6 指导书执行情况评估

评估内容	符合性	优		可操作项	
		良		不可操作项	
	可操作性	优		修改项	
		良		遗漏项	
存在问题					
改进意见					

参 考 文 献

［1］ 刘振亚．特高压交直流电网［M］．北京：中国电力出版社，2013.

［2］ 胡毅，刘凯，彭勇，等．带电作业关键技术研究进展与趋势［J］．高电压技术，2014，40（07）：1921－1931.

［3］ 刘兆林．雷击引起的高压断路器故障分析［J］．高压电器，2009，45（03）：66－69.

［4］ 李璿，王晓琪，余春雨，等．1000kV 特高压交流电压互感器研制现状及性能浅析［J］．高压电器，2011，47（11）：110－114+120.

［5］ 王力农，胡毅，邵瑰玮，等．1000kV 输电线路带电作业安全距离研究［J］．高电压技术，2006，32（12）：78－82.

［6］ 陈坤汉，李顺尧．一起 220kV 线路避雷器泄漏电流超标的原因分析［J］．高压电器，2012，48（05）：111－114.

［7］ 刘胜军，李遵守，周开峰．多重雷击引起 220kV 断路器损坏的事故分析［J］．高压电器，2012，48（10）：131－133+137.

［8］ 刘强，周平，朱雪松，等．220kV 变电站带电作业的安全间隙试验分析［J］．电力科学与技术学报，2013，28（03）：77－82.

［9］ 金阳，刘海峰，郑晓泉，等．110kV 变电站高压裸线扩径增强绝缘护套研究［J］．西安交通大学学报，2014，12：34－40.

［10］ 李健，鲁守银，王振利，等．220kV 变电站带电作业机器人的研制［J］．制造业自动化，2013，35（9）：76－79.

［11］ 王力农，胡毅，邵瑰玮，等．1000kV 输电线路带电作业安全距离研究［J］．高电压技术，2006，32（12）：78－84.

［12］ 胡毅，王力农，刘凯，等．1000kV 交流特高压线路带电作业安全防护研究［J］．高电压技术，2006，32（12）：74－77.

［13］ 舒印彪，胡毅．特高压交流输电线路的运行维护与带电作业［J］．高电压技术，2007，33（6）：1－5.

［14］ 张文亮，于永清，李光范，等．特高压直流技术研究［J］．中国电机工程学报，2007

（22）：1－7.

［15］舒印彪，张文亮．特高压输电若干关键技术研究［J］．中国电机工程学报，2007（31）：1－6.

［16］胡毅，刘凯，彭勇，等．带电作业关键技术研究进展与趋势［J］．高电压技术，2014，40（07）：1921－1931.

［17］丁玉剑，姚修远，樊达，等．±1100kV 直流输电线路带电作业研究［R］．北京：中国电力科学研究院，2016.

［18］刘夏清，李稳，姜赤龙，等．±1100kV 特高压直流输电线路带电作业电位转移特性［J］．高电压技术，2017，43（10）：3149－3153.

［19］毛艳，邓桃，魏杰，等．±1100kV 线路金具电场仿真与电晕特性［J］．高电压技术，2019，45（04）：1137－1145.

［20］张福轩，姚修远，石生智，等．±1100kV 直流输电线路带电作业屏蔽防护研究［J］．电网技术，2017，41（11）：3407－3413.

［21］STUCHLY M，ZHAO S.Magnetic field－induced currents in the human body in proximity of power lines［J］．IEEE Transactions on Power Delivery，1996，11（1）：102－109.